AF509066

TRAITÉ

SUR

LES CHAMPIGNONS.

DE L'IMPRIMERIE D'A. EGRON,
rue des Noyers, n° 57.

TRAITÉ

SUR

LES CHAMPIGNONS

COMESTIBLES,

CONTENANT

L'INDICATION DES ESPÈCES NUISIBLES;

PRÉCÉDÉ

D'UNE INTRODUCTION

A L'HISTOIRE DES CHAMPIGNONS.

AVEC QUATRE PLANCHES COLORIÉES.

Par C. H. PERSOON,

Correspondant de la Société royale de Gottingue; Membre de
l'Académie des Sciences de Turin; de la Société des Naturalistes
de Berlin et de la Vettéravie; de la Société Linnéenne de
Philadelphie: etc. etc.

———————

PARIS,

CHEZ BELIN-LEPRIEUR, LIBRAIRE,
quai des Augustins, N° 55.

1818

PRÉFACE.

ON a plusieurs ouvrages sur les Champignons : le nombre n'en est pas cependant aussi considérable que ceux que l'on a publiés sur les autres familles de plantes. On peut les diviser en trois classes :

Ire. Ceux qui traitent des Champignons sous le rapport de leur histoire naturelle; par exemple, de leur physiologie, des lieux qu'ils habitent, du temps de leur apparition, de leur classification, etc.

IIe. Ceux qui les considèrent par rapport à nos besoins, c'est-à-dire dans celui de leur propriété et de leur utilité.

IIIe. Ceux qui réunissent tout à la fois ces deux objets.

Mais ces ouvrages sont presque tous ou trop étendus, ou bornés aux localités; ils sont aussi, pour l'ordinaire, d'un prix très-élevé, ce qui est un des plus grands obstacles à leur publicité.

En Allemagne, on possède plusieurs ouvrages qui ont pour but la connoissance des Champignons, et qui traitent de leur usage.

En France, le *Traité des Champignons* de M. le docteur *Paulet*, publié en 1793, en deux gros vol. *in*-4°, quoique connu favorablement, mérite d'être plus répandu. La première partie de cet ouvrage est purement scientifique ; dans la seconde, l'auteur traite de tous les Champignons, au moins de ceux qui sont d'une certaine dimension, et qui étoient alors connus. Le principal but de ce savant ouvrage est de présenter un grand nombre d'expériences tentées sur les animaux, pour constater les bonnes ou mauvaises qualités des champignons, de rapporter plusieurs exemples d'empoisonnemens occasionés par ces productions, ainsi que les moyens employés pour y remédier. Les vues de l'auteur sur les groupes, ou sous-genres, sont autant de bonnes observations pour l'histoire naturelle des Champignons. J'ai souvent emprunté de cet ouvrage ce qui est relatif à la manière de les apprêter pour la table.

L'intention de *Bulliard*, en publiant son *Histoire sur les Champignons de la France*, estimée à cause de ses belles figures, n'étoit pas précisément de nous faire connoître les espèces utiles et malfaisantes, bien qu'il parle quelquefois avec assez d'étendue des espèces comestibles ordinaires.

Il n'y a pas, à ma connoissance, un ouvrage moderne sur cet objet, en Italie, où pourtant, à ce qu'il paroît, on recherche plus les Champignons, et où on en fait une plus grande consommation que dans aucun pays. *Micheli*, qui vivoit au commencement du dix-huitième siècle, désigne, dans ses *Nova genera Plantarum*, un nombre considérable d'espèces ou variétés comestibles, par l'épithète de *fungus edulis* ou *esculentus*, mais les descriptions de cet auteur sont souvent si courtes, et pourtant si peu précises, que l'on ne peut pas bien recoßnoître ses espèces, excepté celles dont il a donné d'assez bonnes figures.

Dans l'ouvrage de *Batarra*, qui a pour titre : *Fungorum agri Ariminensis Historia*, 1755, *in-4°*, postérieur à celui de Micheli, les descriptions sont un peu plus étendues, et les dessins sont en plus grand nombre, quoiqu'un peu inférieurs pour l'exécution ; mais dans le temps où il l'a publié, la science n'avoit pas encore la marche actuelle qui a tant contribué à nos connoissances réelles, et à l'histoire naturelle ; on peut donc regarder ces écrits comme de peu d'utilité pour notre temps.

Les champignons de la Russie, qui sont d'une si grande ressource pour les peuples de ce vaste empire, nous sont entièrement inconnus, car on peut compter presque pour rien le peu d'espèces dont parlent *Gmelin* et *Pallas*, et dont plusieurs ne sont que nos espèces les plus communes.

Le but de notre *Traité* est de présenter d'une manière concise ce qui est essentiel pour parvenir à la connoissance de ces singulières productions. Car, s'il arrive si souvent des accidens funestes, occasionés par méprise*, la cause la plus ordinaire est le manque de connoissances pour bien distinguer les espèces. Une preuve

---

* Méprise qui donne lieu à de fréquens accidens d'empoisonnemens dont chaque année les journaux font mention.

de ce défaut de connoissances exactes, est qu'on donne souvent le même nom, non seulement à l'espèce du même genre, mais à des champignons de différens genres.

Dans la première partie de cet ouvrage j'ai fait mention de la structure ou des différentes parties qui constituent un champignon, des endroits où ils croissent, et du temps où ils se développent. J'ai discuté les opinions des auteurs sur leur origine, leur propagation et leur fructification, et j'ai traité de leur distribution générale en classes, ordres et familles; j'ai aussi donné un aperçu des principaux genres, et une notice descriptive des espèces qui s'offrent communément à nos regards, ou qui se distinguent par quelque particularité remarquable, soit dans leurs formes, soit dans leur couleur, et dont tout homme, ayant tant soit peu de curiosité, et à plus forte raison qui aime l'histoire naturelle, doit désirer avoir une connoissance au moins générale.

Dans la seconde partie de ce *Traité*, j'ai décrit toutes les espèces dont on fait usage comme aliment ou comme assaisonnement, ainsi que la manière de les préparer et de les conserver, le plus en usage. J'ai aussi fait connoître celles qui sont nuisibles, et qui, par leur ressemblance, pourroient occasioner des méprises dangereuses; j'ai cité avec soin les auteurs qui en ont donné une bonne description, mais surtout les meilleures figures, que l'on fera bien de consulter pour la plus grande sûreté.

Je n'ai pas fait seulement l'énumération des champignons salubres de la France, mais pour compléter autant que possible cet ouvrage, j'ai aussi fait mention de celles qui sont communément en usage en Allemagne et en Italie. Le nombre des espèces de ce dernier pays paroît le plus considérable, et il est à désirer que les botanistes qui l'habitent, nous fassent connoître d'une manière précise tous les champignons usuels qui y croissent.

Il y a même, dans quelques départemens de la France, des espèces en usage qui ne sont ni bien connues, ni bien décrites par les naturalistes modernes, et dont M. Paulet parle souvent dans son ouvrage.

On pourroit, peut-être, m'objecter qu'il y a une classe de la société qui se sert probablement davantage que les autres de ces végétaux, comme aliment, mais qui, consultant rarement les livres, ne tirera aucune utilité de ce Traité. Indépendamment de ce que cette observation est aussi applicable à tant d'autres livres destinés à l'instruction, ces hommes ne peuvent-ils pas attendre une direction salutaire, soit de leurs supérieurs, soit des hommes instruits et bienfaisans ?

Quoi qu'il en soit, j'espère que ce *Traité* ne sera pas seulement de quelque utilité pour les botanistes, et pour les amateurs d'histoire naturelle qui, par délassement à la campagne, voudront acquérir des notions exactes sur les Champignons, mais qu'il sera indispensable pour ceux qui font usage des Champignons comme aliment ou comme assaisonnement.

Je ne puis terminer cette Préface sans témoigner ma reconnoissance à M. le professeur Balbis, à Turin, à M. le docteur Thore, à Dax, et à M. Mougeot, médecin. à Bruyères, qui m'ont communiqué des notices intéressantes sur les Champignons comestibles de leurs pays, avec l'indication des noms vulgaires. Je ne puis non plus passer sous silence M. le docteur Hanin, professeur de matière médicale, très-versé dans les sciences physiques et naturelles : je lui dois des remerciemens pour les encouragemens qu'il a donnés à mon entreprise.

EXPLICATION DES FIGURES.

PLANCHE I.

Représente l'*Oronge*, Amanita *aurantiaca*.

Fig. 1. Enveloppée dans le volva.
— 2. Sortant de son enveloppe.
— 3. Ce champignon dans l'état adulte.

PLANCHE II.

L'Amanite *vénéneuse*, ou Agaric *bulbeux* avec ses variétés.

— 1. Amanite *sulfurine*.
— 2. Amanite *blanchâtre*.
— 3. Amanite *verdâtre*.
— 4. Le chapeau d'un de ces champignons, coupé perpendiculairement.

PLANCHE III.

Le Bolet, ou Polypore *Pied-de-Mouton*.

— 1. Offre des individus croissant en touffe.
— 2. Ce même champignon développé.

PLANCHE IV.

La Helvelle *comestible* dans les différentes formes sous lesquelles on la trouve. La figure 5 du milieu la représente dans la section perpendiculaire, pour faire voir l'intérieur du champignon.

CONSIDÉRATIONS GÉNÉRALES

SUR

LES CHAMPIGNONS.

Tout le monde connoît les champignons. Ces productions naturelles frappent la vue par la singularité de leur forme et par la diversité de leur couleur. Les lieux qu'ils habitent, tantôt à l'ombre des forêts, tantôt sur les gazons et au milieu des pâturages, tantôt sur les troncs des arbres et au bord des chemins, contribuent encore à attirer notre attention. Mais il paroît que la vue de ces singuliers végétaux inspire en général une sorte d'aversion, ou plutôt de méfiance ; car dans presque tous les pays, les hommes aiment ordinairement à les détruire sur leur passage : cet instinct est-il l'effet d'une sage prévoyance de la nature, pour nous mettre à l'abri du danger ?

1

L'apparition des champignons a lieu, à quelque différence près, dans ce pays, depuis le mois de juillet, jusqu'au mois de novembre, et surtout pendant les pluies automnales; leur durée est très-limitée (de 8-12 jours), mais les individus se succèdent avec abondance.

Plusieurs espèces ont une époque déterminée pour leur accroissement; il y a des lieux et des pays où elles croissent de préférence. Les morilles, plusieurs helvelles et quelques pézizes ne viennent qu'au printemps. Les champignons sont en général annuels, excepté ceux qui sont d'une substance dure et cartilagineuse. Le bolet amadouvier peut, d'après l'observation de Bulliard, prolonger sa vie jusqu'à quinze ans. Ce champignon produit vers la fin de l'hiver une nouvelle couche de tubes à sa partie inférieure, de sorte qu'il croît d'une manière tout opposée à celle des autres végétaux, c'est-à-dire du haut en bas : chaque accroissement marque une année nouvelle, et est reconnoissable par des saillies ou côtes, que l'on remarque à l'extérieur. Plusieurs petits champignons parasites végètent aussi dans les temps doux de l'hiver. Ceux qui croissent sur des feuilles encore vertes, paroissent dans le courant de l'été. Les moisissures s'attachent en toute saison aux substances fermentescibles.

Quoique les champignons aiment l'humidité, on n'en trouve jamais sous l'eau, mais on en rencontre dans les caves et les souterrains, quelquefois à une profondeur considérable, où, sans doute faute de lumière, ils acquièrent souvent une forme bizarre (1). D'autres restent dans la terre et ne paroissent jamais au-dehors ; tels sont les truffes et quelques sclérodermes. Les vesse-loup en étoile, et quelques champignons enfermés dans un *volva* bourse, croissent sur la surface de la terre, et se développent après une pluie abondante et chaude : ces espèces paroissent tout-à-coup, quoiqu'elles aient eu besoin long-temps aupa-

____

(1) *Voyez* : Vegetabilia in Hercyniæ subterraneis collecta, iconibus, descriptionibus et observationibus illustrata. Auctore G. F. Hoffmann. *Norimbergæ.*

Floræ Fribergensis specimen, plantas cryptogamicas præsertim subterraneas exhibens; edidit F. A. Humboldt. *Berolini,* 1793.

J. A. Scopoli, Dissertationes ad scientiam naturalem pertinentes. *Pragæ,* 1772, p. 1.

ravant de croître et d'acquérir leur grandeur nécessaire. Mais la majeure partie des champignons proprement dits croissent sur la terre dans les bois, préférablement ceux de pins et de sapins, un sol calcaire semble leur être plus propice qu'un terrain sablonneux.

Les champignons charnus, et principalement les terrestres, ont différentes manières de croître : ils viennent ou solitaires, et ce sont pour l'ordinaire de grandes espèces, ou par peuplades; plusieurs individus sont rapprochés, mais non réunis (*gregarius*), ou groupés, plus rapprochés, ou par touffes et souvent cohérens à leur base (*cespitosus*) : les espèces qui naissent sur les troncs ou au pied des arbres, présentent cette réunion. Quelquefois des individus forment des traînées dans les bois. Mais la disposition la plus singulière est en larges cercles que l'on appelle *cercles magiques*, cercles de sorcières (*Hexenkreise*, en allemand), et dont on ne connaît pas bien la cause. J'ai observé que si l'on détruit une ou deux années de suite ces cercles dans le même endroit, on remarque alors ces mêmes espèces reparoître dans la suite solitaires et dispersées : vraisemblablement que les graines

(5)

après ce déplacement, n'ont point été dissé-
minées circulairement ; mais la première
cause en sera toujours difficile à expliquer.

Une grande partie des champignons devient
en peu de temps la proie des vers, des insectes
et des limaces. Quelques quadrupèdes, tels que
les sangliers, les cerfs, les moutons et même les
bœufs, sont aussi très friands de quelques espèces qu'ils savent distinguer. Les champignons
ont en outre leur destination particulière parmi
les êtres créés. Il paraît qu'ils purifient l'atmosphère des forêts en absorbant, comme des
éponges, les miasmes délétères; ils hâtent la destruction des bois morts ou des substances fermentescibles. Quelques-uns sont aussi pour
nous d'une grande utilité : personne n'ignore
de quel usage est l'amadou; on emploie en mé-
decine l'agaric du mélèze et le bolet odorant ;
le boviste et l'amadouvier sont employés pour
arrêter les hémorrhagies; le bolet sulfurin four-
nit une assez belle couleur jaune.

Ces productions contribuent aussi à la diversité et à la beauté du spectacle de la nature.
En automne où la plupart des plantes sont passées de fleurs, où les autres languissent, les bois
sont embellis par la présence des champignons,

qui font sur nos sens plus d'impression que les autres végétaux par l'anomalie de leurs formes, par le contraste de leurs couleurs et de leur substance. C'est surtout dans ces forêts antiques et isolées, dit Bulliard (*Histoire des Champ.* p. 63), où la nature règne en souveraine, libre et indépendante, qu'il faut aller dans un beau jour d'automne jouir de ce spectacle, voir cette variété de formes, de couleurs, dont chaque nouveau site offre un tableau différent.

Dans tous les temps, les naturalistes ont été incertains sur la place à assigner, dans les classes des êtres organisés, à ces productions. Les anciens les regardoient comme de simples excroissances formées par la réunion des principes salins et sulfureux, ou par la putréfaction des arbres. Quelques naturalistes de nos jours, MM. *Medicus*, *Maerklin*, *Ackerman*, *Knäer* et *Haberle*, ont voulu attribuer l'origine des champignons en général à un mélange de sucs pituiteux des plantes, lequel a reçu par l'influence de l'air d'autres affinités et d'autres formes, en un mot, à une combinaison chimique.

N. J. de Necker, dans son *Traité sur la*

Mycétologie, publié à Manheim, en 1783, attribue l'origine du champignon au tissu cellulaire et parenchymateux des plantes, qui se transforme, après diverses modifications, en un corps radiculaire, propre à la production d'une substance qu'il appelle *carcithe*, qui n'est autre chose que le *blanc de champignon* des jardiniers. Il propose de faire des champignons un règne particulier, auquel il donne le nom de règne mésymale (*regnum mesymale*), et qui doit précéder immédiatement le règne minéral.

D'autres, tels que *Buttner*, *Wilke*, *Weiss*, le baron de *Munchaussen*, et même *Linnæus*, ont voulu mettre ces végétaux dans le règne animal, en les considérant comme des polypiers, sans doute parce que ces savans ont remarqué des animalcules infusoires dans la poussière séminale humectée, principalement dans celle de quelques vesse-loup.

Mais l'organisation interne très-variée des champignons, leur apparition périodique et souvent limitée à un certain endroit où croissent en même temps des espèces d'une forme différente, enfin une sorte de capsules et de graines reproductives, analogues à quelques autres plantes, ne permettent guère d'adopter ces métamorphoses végétales.

Nous connoissons cependant deux sortes de productions fungoïdes dont il seroit bien difficile d'expliquer la nature. La première est le Clavaria *nosocomiorum*, Villars (*Flore de Dauphiné*). Elle a , dit l'auteur , un pouce et demi sur trois ou quatre lignes de diamètre, ayant des rameaux blancs , velus et tendres. Elle naît dans un jour sur les linges mouillés des malades qui ont des fractures. M. Paullet, dans son *Traité sur les Champ.* , en a décrit une variété qu'il appelle *digitellus* : c'est, dit - il , une fungosité imitant les doigts de l'homme au point que la ressemblance en est frappante, jusqu'aux ongles qui y sont exprimés (si toutefois l'imagination n'y a eu quelque part).

L'autre production qui m'a été envoyée par M. le chevalier Chaillet , à Neufchâtel , ressemble à une théléphore , ou à une membrane coriace ; il me marque dans sa lettre que cette substance a été trouvée sur une bouteille cassée de manière que le vin n'a pas été répandu ; elle couvroit l'ouverture que le morceau de verre détaché avait laissée. Elle étoit du plus beau blanc et ondulée. L'autre morceau qui était rouge, a été trouvé de la même manière sur une bouteille de vin rouge. Je possède une pareille substance trouvée dans une cuve où on avoit fait du vin, mais de la consistance et de la grandeur du Xylostroma *giganteum*. (1)

La plupart des botanistes actuels rangent les champignons au nombre des végétaux, dont

---

(1) Il n'y a presque pas un ouvrage des anciens botanistes sur les champignons où leur imagination n'ait cru trouver dans quelques formes bizarres ou monstrueuses, occasionées accidentellement, des ressemblances avec quelques animaux, ou avec quelques parties du corps humain. Mais il est arrivé assez souvent que de petits champignons qui habitent des branches mortes ou des feuilles sèches, ont souvent une telle ressemblance à l'extérieur avec certaines productions des insectes, et avec leurs œufs, que quelques botanistes de nos jours ont décrit ceux-ci comme appartenant à la famille des champignons. J'en citerai un exemple : feu M. Tode avoit fait des œufs de l'*Hemerobus Perla*, Linn. , qui sont supportés par de longs styles, un genre de champignons sous le nom d'*Ascophora perennis*, et que moi-même, sans le connaître, j'avois adopté dans mon *Sy-nopsis fungor.*, p. 685.

ils occupent peut-être la dernière série. En effet, quoiqu'ils ressemblent au premier abord fort peu aux productions végétales, et qu'ils n'aient ni rameaux, ni feuilles, ni fleurs, on leur reconnoît cependant une espèce de graines. Ils croissent comme les autres plantes par intus-susception; ils sont doués, comme elles, d'irritabilité, souvent très-prononcée; enfin la chimie y démontre un grand nombre de produits médiats, propres à cette classe d'êtres organisés. Ils ont un suc propre, quelquefois coloré ou laiteux, doux ou âcre, résineux, comme celui du bolet de mélèze, auquel cette espèce doit sa qualité purgative. On obtient de ces productions de l'albumine, une matière grasse, un principe particulier que l'on appelle *fungine* (1). Le bolet

---

(1) La *fungine* est blanche, mollasse, fade et peu élastique; elle peut servir d'aliment. L'acide nitrique en dégage du gaz azote, et la convertit en une matière analogue au suif, et en une autre analogue à la cire, en matière résinoïde, en amer de Velher, et en acide oxalique; la fungine se combine à la substance astringente de la noix de galle. *Chevreul*, dans les *Élémens de physiologie végétale et de botanique*, par M. Michel, prem. part., p. 470. Voyez aussi l'opinion de M. Vauquelin sur la fungine, dans les *Annales de Chimie*, v. 85; et Desvaux, *Journal de Botanique*, v. 4, p. 97—108.

sulfurin (Bull. *Champ.* t. 429) se couvre souvent de petits cristaux d'une saveur agréable. (1)

D'autre part, les champignons s'éloignent
beaucoup des plantes ; car soumis à l'analyse
chimique, ils ne donnent presque pas de gaz
oxigène, mais du gaz hydrogène et de l'azote.
Ils n'ont ni vaisseaux propres, ni pores corticaux, mais un tissu cellulaire, dont les mailles
sont larges et allongées. Cependant ces qualités répondent pour la plupart à celles de
fruits de vraies plantes. Ils en participent encore d'autres qualités; ils sont comme eux
charnus et diversement coloriés : ils se gâtent
facilement, et ils paraissent, comme eux, vers
la fin de l'été ou en automne.

D'après ces considérations, on peut regarder les champignons, non comme des plantes
entières, mais seulement qui n'en présentent
que les parties fructifères ou granifères. Ils sont
donc de simples réceptacles de semences; et
même dans quelques-uns, sans doute les plus

---

(1) Account of crystallised oxalis acid product from
the boletus sulphureus; by Robert Scott. *Voy.* les Actes
de la Société Linnéenne, vol. 8, p. 202.

simples, on observe seulement une poussière séminale, dépourvue d'une enveloppe propre.

Pour l'appui de cette opinion, j'ajouterai les remarques suivantes. Dans les dégradations des plantes, depuis la plante la plus parfaite jusqu'à celle qui occupe la dernière place dans le règne végétal, ou la cryptogamie de Linnée, on voit disparoître, non-seulement des tiges et des feuilles, mais aussi des fleurs. Dans les fougères et les mousses, on ne trouve plus ni calice, ni corolle, du moins analogues à d'autres plantes ; dans les hépatiques, les tiges et les feuilles disparoissent; dans la famille des lichens, ce sont les racines en grande partie et les feuilles qui manquent. Ces derniers cryptogames ont pourtant encore un support ou croûte (*crusta*, *thallus*), pulvérulent ou herbacé, qui a rarement la couleur verte des feuilles ; il porte ou renferme immédiatement leur fructification (*scutella*, *apothecium*), dont plusieurs sont analogues à celle des champignons ; ce qui souvent avoit donné lieu aux déplacemens de quelques espèces et même des genres de ces deux familles, voisines sous plusieurs rapports l'une de l'autre.

Nous allons en donner quelques exemples.

Les scutelles d'une grande partie des lichens et les lérilles des opigraphes, abstraction faite des thallus , ressemblent à des pézizes et à des hysterium ; les tubercules stipités des cenomyces *(Lichenes fruticulosi* de Linnæus) ont la forme du genre Helotium et d'Onygena : c'est pourquoi Dillenius avait placé celui-ci parmi les lichens. Les Endocarpon et les Verrucaria à fruit fermé et souvent caché dans le thallus ont beaucoup d'analogie avec les Sphæria; et l'on n'est pas encore bien d'accord dans laquelle de ces deux familles il faut placer les Calycium (*Mucores perennes,* L.) qui ont la forme, mais qui ne sont pas de la nature des trichiacées. Enfin, comme il se trouve des lichens (les Lepraria) qui ne présentent qu'une croûte sans fructification , il est vraisemblable qu'il y a des champignons parmi les Bysfoïdes : par exemple, les Himantia , Racodium, etc. , qui restent seulement dans ce premier développement, que nous offre le blanc de champignon; car les Agaricus *alliaceus* et *peronatus* produisent sur des feuilles sèches , tombées à terre, sur lesquelles croissent ces espèces, des expansions blanches parfaitement semblables à l'Himantia *candida* qui vient aussi parmi des feuilles mortes. Le Merulius *destruens* se montre aussi souvent en deux états, d'après la localité qui favorise son développement, ou s'y oppose.

On en trouve même des exemples parmi les plantes dites phénogames, je veux dire du *Cynomorium* et d'*Aphyteia*. Ces végétaux ne présentent rien de ce que l'on est accoutumé de voir dans les plantes ordinaires, pas même leurs racines, car ils sont parasites ; ils ont à la vérité un calice, des étamines et un style, mais qui se perdent ensuite. C'est pourquoi les anciens avoient regardé la première de ces deux plantes comme un champignon, et la seconde a été décrite comme telle par Thunberg, dans les *Actes de Stockholm*, année 1775, p. 69, t. 2, fig. 1, 2 et 3, sous le nom de *Hydnora africana*. Mais Linnæus avoit ensuite exclu cette singulière plante de sa classe cryptogamique, et l'avait mise, à cause des parties de la fructification, dans la monadelphie-pentandrie, en ajoutant toutefois ces remarques : *Partes plantam constituentes sunt quidem: radix alens ; herba movens uti caulis et folia ; fructificatio generans. At nulla cum omninò herba nostræ sit plántæ* aphyteiam *(ab α et φυταια) dicere placuit.* Linnæus, Amœn. Acad. 8, p. 312.

Quoique nous ayons considéré les champignons comme de simples fructifications, il faut cependant avouer que l'on n'est pas encore parvenu à les faire lever à volonté; mais il en est ainsi de la majeure partie des autres plantes cryptogames. Les jardiniers cultivent à la vérité le champignon culinaire ou de couche, pour notre usage ordinaire, avec le blanc de champignon, que Tournefort (1) a considéré le premier comme contenant des graines ou des propagules de cette espèce. Les jardiniers qui voient que leur couche s'affoiblit, ce qui ne manque pas d'arriver lorsqu'on cueille les individus trop jeunes, laissent d'espace en espace quelques pieds d'agaric auxquels ils donnent le temps de se développer; par ce moyen, les graines se déposent sur la couche et entretiennent sa fécondité.

Mais cette sorte de culture est très-différente de celle que l'on pratique pour les autres plan-

____

(1) Mémoires de l'Académie royale des Sciences de Paris, pour l'année 1707 et 1709.

L'origine de la culture de cette espèce est due à Marchand, le père, qui fit voir, en 1678, à l'Académie, la première formation de ce champignon dans les crotins moisis, comme des filets blancs, dont les extrémités se grossissent en champignons.

tes , et on ne sait pas encore précisément quelle part y ont les graines (1). D'ailleurs, il y en a un grand nombre, notamment de petites espèces parasites , où ces filets blancs ne se trouvent point , du moins sous cette forme ; car on les voit se propager, dans l'intérieur des bois, sur des feuilles souvent encore vertes, et dans des vases fermés , où les semences de ces champignons ne peuvent pas entrer.

Pour expliquer ce phénomène quelques botanistes ont avancé que les graines y sont introduites par la racine , et ensuite chariées et disposées dans ces différens endroits par la sève. D'autres pensoient qu'il leur a été plus facile d'y pénétrer directement par les pores corticaux des plantes. Bulliard a soutenu

---

(1) Dans le département des Landes , on sème l'Agaricus *Palomet* et le Boletus *edulis*. Pour cela, on se contente d'arroser la terre d'un bosquet planté en chênes , avec de l'eau dans laquelle on a fait bouillir une grande quantité de ces deux espèces de champignons. La culture n'exige d'autres soins que d'éloigner de ce lieu les chevaux, les porcs, et toute espèce de bêtes à cornes, qui sont très-friandes de ces deux plantes. Ce moyen ne manque jamais de réussir; mais nous laissons aux physiciens à nous expliquer pourquoi l'ébullition n'a pas fait mourir les germes. *Thore.*

qu'elles sont par leur petitesse et leur légè-
reté, répandues dans l'atmotsphère, et qu'elles
se déposent et se développent dans des endroits
convenables à leur accroissement.

·Quant à ces productions, on pourroit leur
supposer ou une génération équivoque, ou bien
supposer qu'elle soit innée, selon leur nature, dans différentes plantes ; car chacune
produit très-souvent un champignon qui est
différent de celui qui croît sur une autre,
et qui semble attendre pour paroître qu'une
maladie ou une destruction même du végétal
en favorise le développement (1).

---

(1) Le fait suivant paroît pourtant montrer le con—
traire, ou faire une exception. On sait que le Xyloma
pezizoïdes ne croît que sur les feuilles de chêne et de châtaignier, ou de hêtre, tous arbres de la même famille.
J'ai trouvé cependant un échantillon fort remarquable
de ce petit champignon, dont la moitié du groupe des
individus de cette espèce se propageait sur une feuille du
châtaignier, et l'autre moitié sur celle du peuplier, qui
se trouvait par hasard posée sur l'autre feuille. Or, ce
xyloma ne se développe jamais, à ma connoissance, sur
des feuilles d'un arbre d'une autre famille. On peut donc,
ce me semble, supposer que la matière formatrice
étoit précipitée de l'atmosphère sur ces feuilles ; mais
pourquoi cela n'auroit-il pas eu lieu sur une feuille du
tremble, isolée ?

Ces champignons seroient donc des véritables endophytes , comparables aux vers intestins, dont la présence, comme on sait, est plus commune chez les animaux languissans ou d'une nature foible, comme les enfans èt les femmes. On voit dans la maladie pédiculaire les poux se multiplier d'une manière effrayante, et chez des individus qui auparavant n'avoient pas sur eux ces animalcules.

Pour que ces graines soient fécondées, on a cru nécessaire l'existence des étamines , ou du moins d'un pollen analogue à celui des plantes proprement dites.

Micheli (1) fut le premier qui affirma avoir trouvé cet organe dans les agarics et quelques bolets ; il les a décrits et peints comme des corps cylindriques placés sur les marges des lamelles ou des tubes. Bulliard (2) a adopté cette opinion, en prenant encore pour des étamines les petits corpuscules remplis d'une humeur limpide, que l'on remarque facilement sur les deux côtés des feuillets, et même quelquefois sur le

______

(1) *Voyez* Nova Genera plantarum. *Florent.,* 1728, p. 126, t. 68, et p. 133, t. 73.

(2) Histoire des Champignons, vol. 1 , p. 39-41.

(19)

chapeau des agarics de fumier, ou des coprins.
Quant à ces derniers, je ferai observer que leur
destination paraît être de contribuer, pendant
la sécheresse, à la dissolution du chapeau, ce qui
est un des caractères de cette famille. Bulliard
dit lui-même que ces vésicules ne se crèvent
que lorsque l'air a desséché jusqu'à un certain
point la surface du champignon, tandis que
l'humidité et la chaleur sont les principaux
agens du développement des globules des étamines dans les plantes phanérogames. Mais
si ce botaniste dit (page 43) que ce sont
des vésicules fécondantes qui font paraître,
pendant un certain temps, la surface des clavaires, des théléphores, des helvelles, et beaucoup d'autres, comme si elle était saupoudrée
de farine, et couverte de ce que l'on appelle
fleur, et que l'on remarque sur les prunes
et sur le raisin (une transsudation de la cire
ou poussière glauque), il est encore dans
l'erreur; car cette poudre n'est autre chose
que les sporules mêmes que l'on observe facilement sur les individus très-mûrs.

Hedwig (1), dans le peu de champignons

---

(1) Theoria generationis et fructificationis plantarum
criptogamicarum. *Lipsiæ*, 1798. c. tab. 42 coloratis.

qu'il a soumis à son examen , a cru trouver,
sur l'anneau et la cortine , des filets en forme
de chapelet, que Bulliard regarde , non sans
raison , comme des sporules qui ont été détachées des lamelles ou des pores. Au reste, le
collet et la cortine se trouvent dans peu de
champignons , en comparaison de ceux qui
en sont dépourvus.

On peut donc vraisemblablement soutenir
avec Gaertner que les champignons sont des
plantes aphrodites, ou agames, qui, dans les cas
ordinaires, ne se propagent pas seulement par
des gemmes , comme veut cet illustre auteur ;
mais aussi par des sporules : d'autres doivent
peut-être aussi leur origine à une *generatio
æquivoca.*

Nous voulons maintenant parler des différentes parties qui constituent un champignon;
mais qui sont rarement réunies dans toutes les
espèces à la fois.

1. Ce que nous appelons *racine,* dans les
plantes parfaites, ne se trouve pas précisément dans ces productions. On voit bien dans
quelques espèces, telles que Agaricus *clypea-
tus,* Bull., t. 515. A. *radicosus*; Bull. , t. 160.
A. *macrorhitus,* Micheli, *Gen. Pl.,* t. 183.,

dans le Phallus *impudicus* (sur la racine du-quel se développe un petit champignon qui va remplacer l'ancien), quelques bolets et pézi-zes, une prolongation du pédicule en forme de racine pivotante. Il se trouve encore plus communément à la base du pédicule des fibrillules assez épaisses dans quelques vesse-loup, ou une sorte de byssus blanchâtre, qui est un tissu de filets déliés et entrela-cés, que tous les anciens botanistes, entre autres Batarra, et plusieurs modernes, ont pris pour la racine des champignons, dont ils font au moins les fonctions : c'est pour fixer le champignon au sol, et qu'elle y puise peut-être aussi de l'humidité et de la nourriture : mais l'origine et la nature de cette partie basilaire n'est pas encore bien connue. M. Trat-tinneck (1) a, le premier, donné une atten-tion particulière à ce tissu, et l'a distingué de la racine, en lui donnant le nom de *mice-lium* (*Schammgewebe* en allemand). M. Ha-berlé (2) lui attribue deux qualités : celle d'être

----

(1) Fungi austriaci. *Viennæ*, 1805, in-4°, 6 livrai-sons, avec des figures coloriées.

(2) Observations sur l'origine du Sphæria lagenaria et du Merulius destruens. *Erfurth*, 1810, p. 34-39 (en allemand.)

le premier développement de champignon, et d'avoir la nature d'une racine (*Rhizophyton, Wurzelphlanze*). Au reste, c'est le *blanc de champignon* des jardiniers, et le *carcythe* de Necker. D'autres le comparent à un cotylédon ; enfin quelques-uns le regardent comme une sorte d'inflorescence à laquelle succède le champignon comme un fruit.

2. La Bourse, *volve* ou *volva* (1), qui enveloppe d'abord entièrement le champignon, en forme d'un œuf, dont il a aussi la couleur, est une membrane assez molle, qui se déchire ensuite pour donner passage au chapeau dans la maturité du champignon. La volva est quelquefois incomplète, friable, et adhérente à la base du pédicule et au chapeau, sur la superficie duquel il reste sous forme de taches ou de verrues séparées (*verrucœ*), assez souvent régulières, et qui, par leur couleur blanchâtre, contrastent agréablement avec le reste du chapeau, par exemple, dans la fausse oronge (A. *muscarius*, Lin.). On trouve cette

____

(1) Quelques auteurs écrivent *valve ;* mais il paroît évident que le mot *volva* est dérivé du latin *involvere ab involvendo*, envelopper.

enveloppe seulement dans de grandes espèces:
les amanites, les phallus, les clathrus.

Comme le volva est attaché à la base du pédicule, et par conséquent en grande partie
caché dans la terre, il est nécessaire pour la
distinction des espèces, surtout vénéneuses,
de s'assurer de sa présence; car il arrive souvent, en cueillant ces sortes d'agarics, que le
stipes, ou pédicule, se brise en bas, et on le
prendrait alors comme étant dépourvu de
cette enveloppe.

3. Le Collet (*anneau, annulus, corolla,*
Micheli) est une enveloppe partielle qui d'a-
bord est adhérente au sommet du pédicule, et
au bord du chapeau, s'en détache ensuite sous
la forme d'une membrane circulaire, souvent
plissée et rabattue. Cet anneau a pour l'ordinaire la couleur du pédicule, car il est la continuation de l'écorce ou épiderme de celui-ci.
On le trouve, deux espèces de bolets excep-
tées, seulement dans les agarics et quelques
amanites.

4. La Cortine (*cortina, velum, voile ou
collet arachnoïde*) paroît être un anneau incomplet, car elle réunit aussi, avant le développement, le bord du chapeau avec le pédi-

cule, par des fils en forme de soie, et se perd presque toujours à la maturité du champignon. On la rencontre distinctement dans une division d'agarics, qui porte, à cause de cette circonstance, le nom de *Cortinaria* (Agaricus *arachnoideus et proteus* (Bull., t. 544, 598 et 600). Presque tous les autres champignons en sont dépourvus.

Il est bon d'observer cependant, contre l'opinion d'un botaniste, qu'on peut trouver une amanite qui ait en même temps une bourse et un collet ; mais jamais un agaric qui soit pourvu d'une cortine et d'un anneau simultanément.

5. Une partie plus commune, est le PÉDICULE, *pied*, *tige* (*stipes*, *caulis*), par lequel le champignon est attaché à son lieu natal ; aussi les terrestres en sont rarement dépourvus ; mais il manque souvent aux espèces parasites que l'on désigne alors sous le nom de sessiles (*sessilis*, *acaulis*). Il est pour l'ordinaire d'une forme cylindrique, quelquefois ventru, souvent bulbeux ou renflé à sa base, solide ou creux, lisse ou sillonné ; en général central et droit, quelquefois excentrique et latéral, et pour lors horizontal ou adscendant. Il est

d'une substance charnue ou coriace suivant la nature de l'espèce.

En divisant perpendiculairement un agaric, ou un bolet, etc., on observera que le pédicule s'étend dans un corps en forme de parasol, qui porte le nom de chapeau.

6. Le Chapeau, *chapiteau, piléole* (*pileus, umbraculum, capitulum, tabula* de M. Paulet), est la partie la plus apparente du champignon ; mais elle varie singulièrement dans sa forme, ainsi que dans sa consistance. Le chapeau est, dans la majeure partie, hémisphérique, convexe, sans, ou avec une éminence ou protubérance (*mamelon, umbo, papilla*) ; ailleurs concave ou ombiliqué. Il se montre aussi assez souvent comme semi-orbiculaire, ou dimidié (*pileus dimidiatus*), ce qui a lieu pour les champignons qui croissent sur les troncs des arbres ou des bois pourris. Quelquefois plusieurs de ces piléoles, réunis à la base, se couvrent l'un l'autre, et sont imbriqués (*pileus imbricatus.* Dans plusieurs champignons moins parfaits, surtout dans les genres bolet, hydnum, théléphora, presque jamais dans les agarics, il s'étale sur des bois ou branches sèches, comme une membrane plus ou moins épaisse, en forme de croûte (*subiculum*), et porte,

dans ce cas, les capsules ou graines en dessus : on le nomme alors renversé et diffus (*resupinatus, effusus*).

Dans les Helvelloïdées, il a la forme d'une mitre, d'une langue et d'une spatule ; il est aussi simplement arrondi ou allongé en forme de cône (les morilles). Dans les clavaires, il ressemble à une petite massue et à des branches dépourvues de leurs feuilles ; ailleurs, à une soucoupe, comme dans les pézizes ; mais dans ces genres, où il est aussi résupiné, souvent membraneux et très-fragile, il ne porte plus le nom de *pileus*, mais on le distingue sous celui de *mitra*, *clavula*, *cupula*, *capitulum*.

Quant à sa consistance, il est charnu ou mollasse, rarement gélatineux (*carnosus, gelatinosus*), ou mince et transparent (*membranaceus, pellucidus*), et souvent aussi sillonné sur les bords (*striatus*), ce qui vient ordinairement des lamelles. Les espèces qui croissent surtout sur les arbres, sont d'une substance coriace et quelquefois très-dure (*coriaceus, suberosus*). Il y en a qui sont visqueux, surtout dans un temps pluvieux. A la surface des autres espèces, principalement des agarics, on voit des cercles (*zonæ*) d'une couleur plus foncée, dont il faut bien distinguer les côtes et les saillies (*fasciæ* , *costæ*) qui sont des accroissemens périodiques , ou sur les bords dans les espèces coriaces annuelles , ou elles forment tous les ans de nouvelles couches sur la surface inférieure dans celles qui persistent long-temps, par exemple l'*amadouvier*.

Le pédicule et le chapeau , car ce sont , dans le principe, les mêmes parties, mais diversement modifiées selon leur destination, peuvent être glabres ou velus, lisses ou couverts d'écailles (*squamæ*) plus ou moins distincts. Il est nécessaire de bien distinguer ces écailles ou squames, d'avec les taches ou verrues des amanites; car les premières tiennent à l'organisation du chapeau, et c'est l'épiderme qui se sépare et se réunit en forme de tuiles, ou en fascicules de poils. Les verrues, au contraire, comme nous l'avons observé, sont les restes ou parcelles de la volve, que l'on n'observe point au milieu du pédicule ; elles sont d'une couleur différente de celle du chapeau, ordinairement blanche. C'est donc à tort que quelques botanistes ont voulu mettre l'Agaricus *procerus* et *campestris* dans le genre *Amanita* , en supposant que l'on en découvrira un jour le volva.

7. La partie la plus essentielle pour cette classe de champignons, est la *membrane sporulifère (hymenium)*. Vue au microscope, on l'observe composée de petites vessies ou d'utricules (*thecæ*) cohérentes entre elles, ou libres. Cette membrane est située dans les champignons qui ont un chapeau distinct, à la surface inférieure de celui-ci, elle est ou de la même couleur, mais plus souvent d'une couleur différente et devient foncée dans la maturité, à cause des graines.

Elle est lisse dans les clavaires, les helvelles et pézizes ; dans les théléphores, on y remarque des papilles souvent irrégulières; dans les hydnes, cette membranne est hérissée de pointes ou aiguillons (*subulæ, dentes*). Dans les polypores, elle est criblée de pores; mais ces petits tubes se prolongent, dans les bolets charnus, en *tuyaux* assez longs, qui se séparent facilement du chapeau. On la trouve veineuse, ou en plis saillans et dichotomes dans les chanterelles, et formant une sorte de réseau à mailles oblongues (*sinulus*) (1) dans

---

(1) Il faut en distinguer les *alvéoles* dans les genres *phallus* et *morchella*, qui sont formés de la substance du chapeau, et dans les morilles de celle du pédicule ;

les *dædalia*. Dans les Agarics, on la voit prendre la forme de *feuillets*, *lamelles* (*lamellæ*,
striæ, *sulci* des anciens), rayonnés du centre
à la circonférence, qui ordinairement alternent
dans la longueur. Ils sont ou libres, ou attachés au pédicule, sur lequel ils sont quelquefois aussi décurrents.

8. Les *theca*, ou utricules, qui composent
cette membranne, renferment des sporules que
l'on présume être les semences (*gongylus*,
sporula, *sporangium*), mais qui y sont en
petit nombre, et souvent imperceptibles ;
elles sont d'une extrême finesse dans cette famille, et s'attachent aux corps où elles sont
tombées ou lancées fortement, comme si elles
y étaient agglutinées.

---

car, en coupant une morille perpendiculairement, on
peut bien distinguer, par la couleur blanche, la partie du
support et de la membrane sporulifère : celle-ci est seulement collée, pour ainsi dire, à la substance du pédicule, où elle prend la forme du chapeau.

C'est donc à tort qu'un mycologue a avancé qu'il n'y
a pas une différence générique essentielle entre les mérules et les morilles : les nervures des premières forment
quelquefois un réseau à larges mailles ; mais quant aux
dernières, ce sont seulement des plis de l'hymenium, et
ils ne sont nullement occasionés par la substance du
chapeau.

Dans les pézizes, aussi bien que dans les helvelles et morilles, ces graines sont au nombre déterminé de 8, et s'échappent avec élasticité, et en forme de fumée ou nubécule ; mais dans la plupart des autres elles couvrent le *hymenium* comme d'une fleur ou d'une poussière fine : on les remarque plus distinctement sur les lamelles des agarics qui en sont souvent décolorés. Dans quelques agarics fimétaires, elles ont une position déterminée de quatre en quatre, comme Micheli l'avoit déjà observé. Dans ces mêmes agarics, ainsi que dans le *phallus* et *clatrhus*, ces graines sont, dans la maturité, entraînées et dispersées par une humeur noire ou, comme dans ces deux genres, par une viscosité qui est la dissolution du hymeniun, et non un suc propre, et qui a une odeur fort désagréable.

Les semences de champignons sont en plus grande abondance, et pulvérulentes (*poussière séminale*) quand elles sont renfermées dans une sorte de sac (*peridium*). La famille de vesse-loup en offre un exemple frappant. Ce péridium est assez varié dans sa forme et sa texture ; mais il est ordinairement membranacé. Il est ou simple, ou composé de deux membranes libres (les *Bovista* et *Geastrum*), lisses,

ou hérissées de proéminences quelquefois épi-
neuses. La paroi interne est velue, et comme
feutrée. Dans les Trichiacées, c'est une cheve-
lure (*capillitium*) libre, quelquefois réticulée,
qui se fait passage avec élasticité, probablement pour faciliter la dispersion des graines.
Dans les genres *Nidularia* ou *Cyathus* ,
Sphœrobolus et *Pilobolus*, les graines paroissent être réunies en un corpuscule charnu
(*vesicula*), globuleux, et en forme de petites
lentilles.

Au reste, les sporules sont en général très-
petites, globuleuses ou ovales, quelquefois
oblongues et anguleuses. Vues au microscope , elles sont pellucides , homogènes,
ou divisées par des cloisons transversales.
Quelques mycologues les considèrent comme
des *capsules* desquelles ils assurent avoir vu
sortir, dans quelques circonstances, une matière qui, selon eux, sont les semences proprement dites.

Quoi qu'il en soit, l'importance du hymenium, des capsules et des sporules, avec ou
sans enveloppe immédiate , est évidente : ce
qui prouve leur destination; car quand les autres
parties ont disparu, ou ne peuvent se développer à cause de la nature du sol où le cham-

pignon naît, ou par d'autres circonstances, cette partie séminale reste : en voici quelques exemples. Quelques théléphores , hydnes (*Odontia*) et bolets (*Poria*), et surtout le Stictis *pallida* n'ont guère de ressemblance avec leurs congénères, mais on y trouve encore la membrane sporulifère. Les Stilbospores ne sont autre chose que des sphéries dépourvues d'un *perithecium*. Les Uredo et les Puccinia se présentent seulement comme une poussière : ces derniers champignons croissent alors sous l'épiderme des feuilles et sous l'écorce des branches qui, par la prévoyance de la nature, se modifie souvent à l'entour en une sorte de péridium (*pseudoperidium*), qui prend quelquefois la forme du véritable.

Telles sont les principales parties qui composent un champignon, et dont nous avons indiqué les différentes formes : celles-ci subissent pourtant des modifications qui fournissent de bons caractères génériques et spécifiques, mais il seroit trop long d'en faire ici mention avec tous les détails (1). Il se trouve cependant, dans

---

(1) Quelques mycologues se servent aussi souvent du terme *thallus*, dans la description de quelques cham-

quelques genres, des anomalies dont il est nécessaire de dire un mot.

On remarque dans les genres *Phallus*, *Cla-*
thrus et *Batarrea* un volva ; bien qu'il ait la
forme et la fonction de celui des Amanites, il
est néanmoins d'une nature différente. D'abord
on trouve entre les deux membranes dont il
est composé, une matière gélatineuse, et on
voit dans celui du *Clathrus* (Micheli , Gen.

---

pignons, pour en désigner tantôt le chapeau oblitéré et
effuse, tantôt la tecture byssoïde ou une autre villosité,
qui sert de réceptacle aux graines, et ils entendent par
le mot *hypothallus*, la membrane basilaire de quelques
trichiacées, la villosité attachée au-dessous de quelques
capsules, des radicules bissoïdes, et le blanc de champignon. Le mot *thallus* a été le premier introduit par
M. Acharius, dans son *Methodus Lichenum*, pour indiquer la croûte et les expansions foliacées des *Lichens*.
Ce thallus remplit à peu près la même fonction que les
feuilles des Fougères et des Hépatiques ; car il porte immédiatement les fruits ou les scutelles qui y sont quelquefois enfermés, mais ordinairement adhérens à sa superficie. Cette partie des Lichens est donc une modification
de la feuille ou d'une tige ; car elle contient encore de la
matière verte, et donne du gaz oxygène : elle doit donc
être d'une texture plus herbacée et moins fine que celle
d'un fruit avec lequel les champignons ont plus d'analogie
qu'avec le thallus.

Pl. t. 93), de distance en distance, une partie de cette enveloppe, avant le développement, entrer, comme des tentacules, dans le
corps du champignon qui a la forme d'un grillage charnu : le vrai volva, au contraire, est
d'une seule membrane lâche.

Le pédicule des Phallus et du Batarrea n'est
pas de la nature de celui des Agarics, des Bolets
et de tant d'autres champignons; car il ne sort
point immédiatement de la terre, mais il est,
outre l'enveloppe générale, entouré à sa base
d'un fourreau (Micheli, t. 83, fig. 9). Il a une
texture celluleuse ou spongieuse; ce qui explique son prolongement subit dans la maturité de
ces champignons. On trouve quelque chose
d'analogue dans le pédicelle du Marchantia
epiphylla.

Enfin, ce que l'on appelle chapeau dans
ces champignons n'est pas non plus le véritable *pileus*; car il n'est pas la continuation du
pédicule, et dans le Clathrus il n'en a pas même
la forme; dans le Batarrea il est couvert d'une
poussière abondante, faisant fonction d'un péridium dont il est peut-être une modification.

Ainsi, on remarquera que ces trois genres
ont sous le point de vue physiologique plus

d'affinité avec ceux de la seconde classe, dont nous allons parler bientôt, et on pourroit y trouver des conformations analogues quant à leur nature ; mais comme ils ont un port différent qui s'approche de celui des grands champignons proprement dits, on peut y conserver, pour ne pas trop multiplier la terminologie, celle que l'on emploie pour ces sortes de champignons.

Pour faciliter la connoissance de ces productions, on a créé plusieurs méthodes. Si l'on considère les champignons dans l'ensemble du règne végétal, ils n'en font qu'un seul ordre de plantes. Mais si on les considère isolément, on peut les diviser en classes, ordres et autres divisions.

Dans mon *Synopsis Fungorum* (Gottingæ, 1801), je les ai partagés en deux classes. Dans la première se trouvent ceux qui sont fermés, c'est-à-dire qui portent à l'intérieur leurs graines souvent abondantes, et même les petits conceptacules de celles-ci. Les champignons qui composent cette classe sont en général d'une dimension peu considérable et souvent microscopiques ; la forme en est plus ou moins arrondie, et la consistance coriace ou membraneuse, rarement charnue.

La seconde classe établie dans cet ouvrage comprend les champignons qui portent leurs graines, peu apparentes, sur un réceptacle ouvert, du moins dans la maturité. Ils se partagent naturellement en deux sections : dans la première se trouvent ceux qui sont pour la plupart grands, charnus ou coriaces, ayant ordinairement une forme déterminée qu'on appelle chapeau, dont nous avons indiqué les différentes modifications, et dont l'une ou l'autre surface est revêtue d'une membrane ou appareil capsulifère ; l'autre division contient les *Byssoïdes* qui n'offrent que des filets déliés, simples, rameux, ou entre-croisés en forme d'un feutre. Cependant on remarque plusieurs champignons auxquels les caractères de ces deux classes ne sont pas applicables à la rigueur. Ils ont le port et la consistance de ceux qui sont de la première division de la seconde classe ; ils ont aussi quelques caractères de ceux de la première ; enfin ils portent généralement leurs semences à découvert, mais en grande quantité. Ils en diffèrent néanmoins, parce qu'ils sont dépourvus de la membrane ou hymenium : on doit donc faire une classe intermédiaire ; car, pour se conformer aux caractères établis et fixes sans lesquels aucune classification n'est stable, il nous paroît nécessaire d'admettre cette troisième division.

Cependant, comme le nombre de ces champignons anomaux n'est pas très-grand , si l'on ne veut point se tenir à des caractères négatifs et isolés , on pourroit supprimer cet ordre , et répartir les petites divisions qui le composent dans les autres, auprès des genres avec lesquels ils ont de l'analogie ; on placera alors les Phalloïdées après les Amanites qui ont aussi un volva , et le genre Batarrea fera le passage aux Lycoperdacées; les Carpoboli ou Vésiculifères seront réunis aux Tubéracées ; puis, on insérera les Tuberculacées dans le dernier ordre, car elles ont beaucoup d'affinité avec les Némaspores : elles n'en diffèrent guère que par leurs graines qui, quoique formant une masse compacte, se dissolvent assez facilement étant humectées.

J'ai cru cependant plus convenable pour un arrangement *systématique* de faire six ordres principaux des champignons que j'ai séparés en plusieurs sous-divisions plus naturelles, que l'on pourroit regarder comme autant de familles dont les genres se multiplieront à fur et mesure que l'on fera de nouvelles découvertes mycologiques, surtout dans les autres parties du monde. Au reste, voici les noms et les caractères de ces six ordres (1).

1. Les byssoïdes, *Byssi. Trichomyci.* Champignons filamenteux et soyeux, lisses ou articulés, simples ou entrelacés, ordinairement dépourvus de graines; quand elles existent, elles sont réunies en un capitule arrondi ou divergent sans enveloppe. Ces productions sont bien distinctes par leur port, et font la transition aux conferves par les Byssus *aurea* et *muscicola.*

2. Les champignons proprement dits, *Fungi, Hymenomyci.* Ils sont charnus, coriaces, trémelleux et volumineux, simples ou bran-

____

(1) Les plus anciens botanistes connaissaient peu d'espèces de champignons; ils les divisoient en bons et en mauvais (*Fungi esculenti et perniciosi*). Vaillant, Micheli et Dillenius ont établi une classification systématique que Linnée a perfectionnée. Les méthodes les plus récentes, mais basées sur celle du *Synopsis Fungorum*, ont été proposées par MM. Link, dans le *Magasin des Naturalistes de Berlin*, pour l'année 1809, et le docteur Nees d'Esenbeck, dans son *Système des Champignons*, 1816, avec 44 pl. coloriées. (En allem.)

chus, ou étalés en plaques; mais ordinairement munis d'un corps dilaté ou chapeau, qui est ouvert et pourvu d'une membrane sporulifère, ou hymenium d'une forme très-variée, portant des graines peu apparentes.

3. Les champignons a graines nues, *Phœnomyci.* Ceux-ci, quoique différens entr'eux pour le port, ont pour caractère d'être dépourvus d'hymenium, mais ils produisent des graines en poussières, liquides ou solides, en une certaine quantité, nues ou sur un réceptacle ouvert.

4. Les champignons a poussière, *Lycoperdacées, Coniomyci, Gastromyci,* Willd. Ils sont arrondis ou oblongs, quelquefois irréguliers, clos de toutes parts (avant la maturité), renfermant une poussière séminale abondante, souvent entrelacée de filamens, en une sorte de sac (*peridium*) qui est coriace ou membraneux, quelquefois fibrilleux, et dans quelques-uns remplacé par un pseudopéridium.

5. Les champignons cartilagineux, *Scleromyci.* Les champignons de cet ordre sont d'une substance coriace - charnue, et solide dans l'intérieur, homogène ou marbrée, con-

tenant des capsules ou des sporules peu apparentes. Dans quelques genres qui ont aussi
une écorce souvent noire et assez dure, la
partie charnue est composée d'utricules, à
peu près comme dans les Pézizes, dont ils
présentent la forme en s'ouvrant ; d'autres
ont un sillon (*rima*) naturel ; mais la plupart
restent fermés. Dans les Scléroties on n'a pas
encore remarqué de graines.

6. Les CHAMPIGNONS CORNÉS, *Xylomyci*,
Willd. *Le* principal caractère de ces champignons consiste en des capsules ou loges (sphérules) très - visibles, qui ont une consistance
dure ou roide, creuses étant sèches, autrement
remplies d'une gélatine fluide, qui, observée
sous le microscope, présentent un amas d'utricules pellucides , oblongues , renfermant des
graines souvent en nombre déterminé. Dans
la plupart des espèces, ces sphérules sont entourées d'un corps très - apparent, coriace ou
ligneux, et très varié dans sa forme, qu'on appelle *stroma* ; ce corps, ainsi que les capsules,
sont ordinairement d'une couleur noire. Comme il y a des sphéries sans le réceptacle, il **y**
en a qui sont dépourvues de capsules ; alors
la gélatine est seulement couverte de l'épiderme des branches.

Dans chacun de ces six ordres il y a des sous-divisions, ou plutôt de petites familles qui font des groupes souvent très-naturels, et qui par conséquent peuvent être définis avec plus de précision. Nous allons les examiner chacun en particulier.

D'abord dans les Byssoïdes on trouve les *Mucédinées*, *Mucedines*, qui produisent plus distinctement des graines ou réunies au sommet d'une tige, ou dispersées sur des filets. D'autres qui sont des *Byssus* proprement dits, sont souvent dépourvus de sporules (*aspori*); ils sont plus grands, sans forme déterminée, et ont en général leurs filamens entrelacés en forme de feutre : ceux-ci paroissent être les premières ébauches des champignons du second ordre auxquels ils font le passage.

Les *Fungi*, ou les champignons proprement dits, sont pour nous plus intéressans que les autres, soit par leur grandeur, la vivacité de leurs couleurs et leurs formes singulièrement diversifiées, par lesquelles ils affectent nos sens, soit par leur utilité, et même par leur qualité délétère dont nous pouvons être les victimes, en les confondant par méprise dans l'emploi culinaire. Nous avons déjà marqué le caractère essentiel de cet ordre qui consiste dans l'*hyme-nium* ou appareil capsulaire. On a dû faire, d'après la forme, la position et la consistance de cette membrane, non seulement des genres, mais aussi des petites familles, ou de grandes sous-divisions.

Ainsi les champignons qui ont leur hyménée lisse ou sans aucune proéminence, constituent la famille des *Helvelloïdées*, qui comprennent les *Helvelles* proprement dits, les *Morilles*, les *Pézizes* et les genres *Leotia*, *Helotium*, *Spathularia* et *Geoglossum*, qui font le passage aux *Clavaires* : ils ont, excepté ces derniers, leurs utricules libres ou moins serrés, entourés souvent de paraphyses qui renferment 8 graines quelquefois moins, qui s'échappent dans la plupart de ces genres avec élasticité et comme une fumée, ce qui n'a pas lieu dans les familles suivantes.

La seconde comprend les *Théléphorées*, dont l'hymenium est couvert de papilles ou tubercules plus ou moins distincts, quelquefois entremêlés de poils roides. Les genres qui la composent sont en petit nombre, et tous d'une consistance coriace, sèche, parfois tomenteuse, caractères qui les lient avec les Byssus : les *Merisma*, *Thelephora* (*Corticum*),

Phyllacteria, *Conisophora* et *Auricularia* en font partie.

Cependant, comme le Helvella *acaulis* fait en quelque sorte un passage aux Théléphorées, il ne seroit pas inconvenant de combiner celles-ci avec les Helvelloïdes, bien qu'elles aient une consistance diverse; mais cela a aussi lieu dans les Bolets et les Hydnes.

Les *Hydnoïdées* qui ont la membrane hérissée de points ou d'aiguillons, appartiennent à la troisième famille composée aussi de peu de genres qui sont les suivans : *Hydnum* (Odontia), *Sistotrema* (Xylodon) et *Hericium*.

La quatrième division, celle des *Bolétoïdées*, se distingue par des tubes ou pores , et a pour genres : le *Hypodrys* (*Fistulina*, Bull.), les *Polyporus* (*Poria*), le *Cladoporus* (Bol. ramosus, Bull. t. 418) et les *Boletus* ou Suillus de Micheli.

La cinquième, ou les *Cantharelloïdées* , a pour caractère des plis en forme de veines ou de nervures renflées et dichotomes, liées ensemble par des veines transversales ou anastomosées comme un réseau : les genres dont elle est composée sont les *Merulius* (*Cantharellus*), *Xylomyzon* ou *Serpula*, *Gomuphus* et *Dædalea*.

La sixième, la plus étendue quant aux espèces, renferme les Agarics ou les Agaricoïdées qui sont partagées en *Agaricus*, avec ses sous-genres, et en *Amanita* : le genre *Dædalea* est en quelque sorte intermédiaire entre ces deux divisions. Pour ne pas trop multiplier les sous-divisions, quoiqu'elles fassent presque toujours un groupe naturel, on pourra réunir la cinquième et la sixième dans une seule famille d'Agaricoïdées ou Lamellifères, et la partager en Cantharelloïdées et Agaricoïdées.

Dans toutes ces petites familles que nous venons de décrire, il y a, excepté dans les *Agaricoïdées*, des espèces crustacées sans chapeau distinct, attachées par la surface inférieure aux corps sur lesquels elles croissent : il y en a aussi, chose assez remarquable, qui sont en forme de massue ou de branches; mais le nombre en est plus considérable dans les *Helvelloïdées*.

Les champignons qui entrent dans le troisième ordre sont ceux, comme nous l'avons observé, qui sont anomaux par rapport à d'autres; mais ils ont aussi peu d'analogie entre eux : cependant on peut les grouper assez naturellement.

La première famille est celle des *Volvacés* ou *Phalloïdées*, qui comprend des champignons d'une grande dimension, ayant le port de ceux de l'ordre précédent , et qui sont enveloppés d'abord dans une bourse ou volva. Leur chapeau est chargé dans la maturité d'une poussière séminale, qui est d'une liquidité visqueuse dans laquelle nagent les sporules.

La seconde division de cet ordre, et que l'on pourroit désigner sous le nom de *Carpoboli* ou *Sarcospermi*, consiste dans les genres suivans : *Nidularia* ou *Cyathus, Sphœrobolus, Thelebolus* et *Pilobolus*. Ils ont pour caractère d'avoir un fruit grand et charnu en forme de vésicules ; et qui est une réunion de graines en un petit corps charnu. Ces vésicules sont, dans les trois derniers genres, jetées avec élasticité ; elles sont placées ou dans une capsule, ou portées par un pédicule renflé (Pilobolus).

Les *Nidulaires* n'ont pas cette propriété, du moins d'une manière apparente, de disperser leurs lentilles avec élasticité. Cependant l'observation de M. Paulet mérite d'être vérifiée ; elle prouvera la réunion de ce genre avec les autres Carpoboles, conforme à la nature. Quoi qu'il en soit, ce naturaliste dit à la page 406 de son

Traité sur les Champignons : « Ces corps len-ticulaires qui passent sans doute avec fondement pour les semences de cette plante (qu'il appelle *Coccigrue en lentilles*), se détachent du fond de la cavité de la coupe par un mouvement de la plante, semblable à celui d'un ressort qui se débande, et sont constamment projetés en dehors. » Les coupes ou récep-tacles dans ce genre sont d'abord fermées par une membrane assez épaisse (*epiphragma*), peut-être une sorte d'anneau, qui se perd entièrement. Elles sont aussi avant la maturité des lentilles, remplies d'une matière gélatineuse que l'on remarque aussi dans le volva des Phal-lus et Clathrus, et dont on ignore la destination; mais que l'on soupçonne être le sperme fécondant. Les corpuscules lentiformes sont attachés au fond par un cordon ombilical.

L'autre petite sous-division a de l'affinité avec les *Trémelloïdées*, avec lesquelles une espèce, le Tremella *purpurea*, Linn., a été confondue; mais les champignons qui en font partie sont d'une substance plus compacte, et ne changent pas de forme étant secs. Le prin-cipal caractère par lequel ils diffèrent des Trémelles consiste en ce qu'ils se dissolvent dans l'eau, plus ou moins complétement, en une sorte de bouillie qui vue au microscope est composée de petits globules ou de petits corps linéaires, que l'on regarde comme autant de graines de ces champignons. Ils sont répartis dans les genres suivans : *Myrothecium, Tubercularia, Fusidium,* et *Atractium,* Link.

Dans le quatrième ordre des champignons, qui est peut-être le plus naturel, où les graines en forme de poussière dispersible sont enveloppées, pour la plupart, dans un réceptacle clos, se trouvent trois à quatre familles qui presque toutes étaient anciennement comprises dans le seul genre Vesse-loup.

La première est composée des *Lycoperdacées* dont les espèces sont plus grandes que celles des suivantes. Elles sont au commencement de leur accroissement charnues, solides et homogènes ; dans l'état adulte, elles entrent, comme quelques fruits, dans une sorte de fermentation, et deviennent humides ; et dans la maturité elles sont sèches, flasques pour la plupart, et remplies d'une poussière abondante, entremêlée de filamens peu nombreux, et qui manquent parfois dans quelques-unes. En voici les genres : *Polypera, Scleroderma* (Hypogeum), *Geastrum, Bovista, Lycoperdon, Tulostoma, Onygena.*

La seconde famille est celle des *Trichia-cées* qui sont très-voisines des Lycoperdacées; mais elles s'en distinguent par leur premier état de croissance, qui se présente comme une gelée quelquefois fluide et d'une couleur jaune ou rouge, mais ordinairement blanchâtre. Cette masse visqueuse se cristallise ensuite, pour ainsi dire, en plusieurs péridies assis dans la plupart sur une membrane (*subiculum*). Les champignons de cette division croissent à l'ombre et groupés sur les bois pourris , sur de petites branches sèches, et sur des feuilles tombées à terre, sur les mousses, etc. , ils sont en général petits et fragiles , fort agréables à la vue. Leurs filamens , excepté quelques genres qui en sont dépourvus, sont plus apparens et souvent hors du péridium ; ils offrent un corps particulier , appelé *capillitium* (*cheve-lure*), quelquefois en forme de réseau , libre ou attaché à la paroi interne du péridium , rarement au pédicelle ; on remarque en outre dans quelques-uns , au fond de leur enveloppe, un prolongement globuleux ou ovale, que l'on a désigné sous le nom de *columelle*. Les genres suivans se réunissent dans cette division : *Fu-ligo* ou *Ethalium*, Link, *Spumaria*, *Lycoga-la* , *Tubulina* , *Licea* , *Leangium* , *Diderma,*

(49)

Physarum, *Craterium*, *Trichia*, *Arcyria*, *Cribraria* et *Stemonitis*. Les trois premiers, quoiqu'ils soient aussi gélatineux avant la maturité, ne changent presque pas de forme, et ne se convertissent pas ensuite en plusieurs individus.

Les *Mucorinées*, composées seulement de deux ou trois genres qui sont les *Mucor* (Ascophora) les *Eurotium*, sont aussi mis dans cet ordre à cause de leur enveloppe ou péridium qui contient des graines nues. Elles ont le port et la manière de croître des moisissures; mais elles n'ont pas la nature ni des Lycoperdacées ni des Trichiacées. Les globules du genre Mucor sont d'abord limpides et transparens, puis opaques : leurs espèces forment des touffes blanchâtres, byssoïdes, sur les substances fermentescibles ou en putréfaction.

Les champignons qui font la division des *Trichodermacées* ont pour caractère distinctif une poussière abondante, entourée d'un tégument velu, quelquefois très-fugace, et qui manque même dans un genre. Ils ne sont dans leur premier développement ni charnus ni gélatineux, comme ceux des deux familles qui précèdent. Ils ont plus d'affinité par leur nature avec les Urédinées; mais ils en diffèrent

4

par le port et la dimension plus grande, et le lieu qu'ils habitent. Leurs genres sont les suivans : *Strongylium , Trichoderma , Mycobanche , Asterosperma* et *Melaconium.*

Une autre petite famille très - naturelle et très-riche en espèces est celle des *Urédinées,* toutes parasites sous l'épiderme des feuilles encore vertes, rarement sur les branches sèches, et quelques-unes dans les épis des céréales. Plusieurs sont connues même du vulgaire par le dommage qu'elles occasionent. On les avoit toujours regardées comme des maladies de ces plantes sous les noms de *Nielle, Carie* ou *Charbon des blés* et *Rouille.* Leur poussière est en proportion de leur petitesse très-abondante, mais sans filets ; elle est aussi souvent dépourvue d'un péridié , et dans ce cas elle est entourée d'une partie de l'épiderme de la plante-mère, qui en fait la fonction, étant modifiée en un faux-péridié. Leurs graines paroissent être des capsules propres, qui dans le genre Puccinia sont cloisonnées. Les *Puccinia, Podisoma,* Link, ou *Gymnosporangium,* Decand. ; les *Uredo* (Ustilago) et *Æcidium* (Rœstelia), sont les genres les plus connus de cette division.

Dans le cinquième ordre on observe deux

petites divisions bien distinctes : la première est celle des *Tubéracées*, parmi lesquelles se rangent les genres *Tuber*, *Rhizotomum*, *Erysiphe*, *Xyloglossum* et *Sclerotium* (Sarcoplaca); l'autre petite division est composée des genres *Xyloma*, *Polystigma*, *Phacidium* et *Hysterium*, dont la substance intérieure est charnue et formée d'utricules fixes ; extérieurement ils sont durs et souvent noirs. Il y a quelques espèces de *Xyloma* très - simples, par exemple les *Leptostroma* de M. Fries et même les *Asteroma* de M. Decandolle, dans lesquelles on n'aperçoit pas distinctement les utricules, et que l'on peut à peine distinguer des sclérotium.

Nous avons donné les caractères qui distinguent le sixième ordre, dont le principal est une capsule (sphærula) roide, globuleuse ou ovale, ayant le plus souvent un ostiole ou bec en forme de papilles ou d'alènes, remplie d'une pulpe dans l'état frais ou humide, laquelle examinée au microscope présente une multitude d'utricules libres. Dans quelques grandes espèces, telles que les Sphæria *hypoxylon*, *digitata* et *deusta*, on voit avant la maturité et extérieurement une poudre blanche qui se perd ensuite, et dont on ignore encore l'usage : quelques botanistes la regardent comme un organe mâle. J'ai aussi rapporté à cette division le genre *Stilbospora*, bien que ses espèces soient dépourvues d'un perithecium ou capsule ; car dans la réalité ce sont des Sphæria dégradés qui se présentent seulement comme des theca ou utricules, dont elles ont la couleur noire, la forme et la nature un peu gélatineuse: d'ailleurs elles sont liées ensemble et non dispersées comme la poussière des *Coniomyci*, auxquels ce genre est associé mal à propos par quelques mycologues.

M. Decandolle a réuni à cette famille des Sphérulacées, les *Rhizomorpha*, placés dans mon *Synopsis fungorum* parmi les byssoïdes, et rapportés par M. Acharius aux *Lichens*, parce qu'ils ont, dit M. Decandolle, des réceptacles (sphérules) presque globuleux, persistans, ouverts au sommet par un orifice peu distinct, attachés en forme de tubercules sur une tige simple ou rameuse, cotonneuse à l'intérieur. On pourroit en séparer sous un genre particulier l'Hypoxylon *loculiferum*, Bull. t. 495, figure 1, ou le Rhizomorpha *setiformis*, Decand. *Flor. Franç.* prem. part. p. 281 (non Roth), qui est solide en dedans et porte des capsules bien évidentes.

J'avois séparé les Sphéries qui forment

après les Agarics le genre le plus nombreux
en six divisions, qui sont une série naturelle en général, depuis l'espèce simple en forme
de petits globules jusqu'à celle où elle a celle
d'une clavaire ; mais, vu le nombre considérable d'espèces, et pour en faciliter les recherches, on pourroit, d'après la situation des sphérules, et d'après la forme du *stroma* (le réceptacle général) dans lequel elles sont en-
châssées, ou sur lequel elles sont posées, établir différens genres et sous - genres, comme
il suit.

1. Les Sphæria, dont le stroma prend la forme d'une clavaire simple ou ramifiée, forme-
roient le genre XYLARIA ;

2. Celles en forme de Pézizes avec un pédicule ou le Peziza *punctata*, L. PORONIA.

3. Les Sphéries, dont les capsules sont cachées
dans un stroma d'une forme indéterminée,
seroient comprises dans le genre HYPOXYLON.

4. Les espèces, dont les sphérules sont
rapprochées en forme de croûte, comme si
elles étoient réunies par un stroma qui n'est
pas apparent et qui manque quelquefois,

constitueroient un sous - genre intermédiaire entre le précédent et les Sphæria simples, ou les Monosticha.

5. Celles dont les sphérules sont placées autour d'un axe, et rapprochées par leurs ostioles: ce sont les espèces dé la cinquième et sixième section du *Syn. Fungorum* qui en font deux sous-divisions comprises sous le nom de circinaria.

6. Les sphœria dont les capsules sont libres, mais rapprochées en un cespitule ou groupe, et posées sur le stroma (caché sous l'épiderme des branches) seront réunies dans le sous-genre epistroma.

7. Les espèces simples, éparses, et dépourvues du stroma, conserveront l'ancien nom générique du sphaeria.

Cette dernière section comprend à elle seule le tiers des espèces de l'ancien genre entier, et on observe encore, soit à leur ostiole, soit à la manière d'exprimer leur pulpe, ou dans leur structure intérieure, qui est quelquefois presque charnue ou solide, et enfin dans une sorte de subicule ou tache, partie décolorée de la feuille, blanche ou pâle, que forment plusieurs espèces épiphylliennes ou parasites sur les feuilles des arbres et de plantes herbacées, encore vertes, on remarque, dis-je, des anomalies qui fournissent des caractères assez marqués pour les séparer du reste des sphéries simples.

Il y a d'autres espèces telles que le Sphœria *tubœformis* et *lagenaria*, dont la gélatine, en sortant des capsules, s'endurcit en un ostiole allongé et corné. Cette particularité, qui est si contraire à ce que l'on observe dans les autres espèces, mérite d'être bien examinée ; et, si l'on veut faire un genre particulier de ces sortes de sphéries peu nombreuses, on le nommera CERATOSTOMA.

Enfin les petits globules qui paroissent comme des points noirs, au milieu d'une tache plus ou moins orbiculaire, sur les feuilles dont nous avons parlé ci-dessus, et que M. Decandolle a réunis comme des variétés de son Sphœria *lichenoïdes* (Flor. Franç., vol. 6, page 147.), sont probablement d'une nature différente de celle des autres sphérules; mais vu leur extrême petitesse, il est difficile de s'en assurer avec évidence. En attendant, on pourrait donner à ce groupe, ou sous-genre, le nom de PHYLLOSTICTA.

Après cette exposition d'une classification

des champignons, offrant encore des lacunes qui probablement seront remplies, quand
on aura fait plus de recherches des champignons exotiques, dont on connaît à peine
quelques espèces, et qui, à en juger par ceux
décrits par Plumier, M. Bosc et autres, ont
des formes en général différentes de celles
des nôtres quoique modelés sur le même type;
après avoir indiqué les genres principaux
qu'elle renferme, nous y ajouterons une description courte et historique des espèces, en
commençant par les champignons les plus
simples, ou les *Byssoïdes*, dont la première
division comprend les *Mucedinées*.

Nous connaissons assez les moisissures,
par le dommage qu'elles causent à nos fruits,
à nos confitures, et aux autres comesti-
tibles mal conservés. Les botanistes en font
plusieurs genres. Le genre *Mucor*, proprement dit, comme nous avons vu, n'appartient pas même à cet ordre, ayant une capsule distincte en forme de globule, qui renferme des graines.

Au reste, voici les genres qui en font
partie, et qui sont les plus communs :

Erineum, Fumago, Torula, Dematium,

(57)

Periconia, *Monilia*, *Penicillium*, *Botrytis*,
Ceratium, *Isaria*, *Himantia* (Fibrillaria)
Racodium, *Xylostroma*, *Athelia*. (1)

De toutes les moisissures, la plus commune
est le Monilia *glauca* (Bull., t. 5o4, f. 10); elle
est d'une couleur glauque, et quelquefois blanche, ayant une tige simple, et terminée par
une capitule arrondie : elle croît en touffe, ou
éparse, sur les fruits qui se pourrissent. Une
autre variété ou espèce, qui est blanche et plus
persistante, vient sur des champignons et sur
les autres plantes cryptogames conservées dans

---

(1) M. le professeur Link, à Berlin, qui a fait un
examen particulier des moisissures et des byssoïdes, en
a distingué un plus grand nombre de genres, établis d'a-
près la forme, la position et quelquefois le nombre de
sporules ou de *sporidia*, ainsi que d'après les filamens
simples et rameux ou entrelacés, lisses ou articulés.
Ces caractères semblent être plus du ressort de la physiologie, que d'un arrangement systématique, dont le
principal but est de faciliter et de généraliser la connoissance. (Voyez *Observationes in ordines Plantarum naturales; auctore* Link, dans le *Magasin des
Naturalistes de Berlin, pour l'année* 1809-1815.) Cette
remarque est aussi applicable à beaucoup d'autres genres
que l'on a introduits depuis quelque temps dans la my-
cologie.

des endroits un peu humides. Le Monilia *digitata*, Penicillium *glaucum*, Link (Bull., t. 504, f. 1), qui se distingue, comme dit Bulliard, par ses semences agglutinées les unes aux autres sur des lignes divergentes, comme les poils d'un pinceau : elle vient par touffes ; d'une base commune partent des filamens simples, ou rameux, dont un petit nombre porte seulement des graines qui sont blanches ou verdâtres.

Les *Botrytis* diffèrent des *Monilies*, par leurs tiges souvent divisées en forme de petit arbrisseau ; mais principalement par leurs graines qui sont solitaires, sur des pédicelles rapprochés en forme de corymbes ou d'épis. Le Botrytis *cinerea* se trouve souvent sur les Cucurbitacées, et autres plantes en putréfaction : la couleur en est grisâtre, et les filamens sont articulés. Le Botrytis en *ombelle*, Dec. (Bull., t. 504, f. 8) vient sur les fruits ou les confitures ; d'abord blanche, elle devient d'un gris noir, les pédicules se divisent au sommet, en plusieurs rayons courts et en ombelle.

Ces moisissures sont d'un tissu délicat, et en général fugaces ; mais les *Periconia* qui ont le port d'un Monilia, ont leurs pédicelles ordinairement noirs, fermes, et leur capitule assez compacte, qui est composé d'un petit amas de poussière d'une forme globuleuse ou allongée. Le Periconia *byssoïdes* paroît au printemps, et il est surtout commun sur les tiges sèches de la pivoine.

Le genre Torula paroît comme une simple villosité qui, observée au microscope, présente des filets en forme de chapelet, dont la forme de chaque articule distingue les espèces. On en rencontre sur les fruits qui se dessèchent ou se corrompent sur l'arbre même, par exemple le Torula *fructigena*, d'un blanc grisâtre, formant une petite touffe un peu compacte. Le Torula *antennata* (Hoffman, Flor. Germ., 2, t. 15, f. 4) est noir, et plus byssoïde, ses filets ont la forme d'une antenne d'insecte ; cette espèce est commune sur les copeaux d'arbres, dans les bois pendant l'hiver. Une autre espèce de ce genre, est le Torula *piceæ* Funck, ou Antennaria *pinophila* de M. Nees, *Système des Champ.*, t. 59, f. 298, qui couvre, comme une poussière noire et compacte, les branches du Pinus *picea*, ou de l'Epicea : les articules de ses filets sont globuleux et fort rapprochés. Outre ces filamens, M. le docteur Nees dit avoir observé des corpuscules oblongs qui ont la forme des capsules des stilbospores.

Un autre genre, que communément on regarde aussi comme une espèce de moisissure, est cette villosité à filamens denses qui couvre les vieux tonneaux de vin : d'abord jaune ou rouge, elle devient d'un noir olivâtre, ne produisant aucune sporule, si ce n'est des corpuscules entortillés dont on ignore la destination. L'espèce vulgaire est le Bisse des caves, Racod. *cellare* : bien sec, il peut servir d'amadou. Le Racodium *rupestre* est d'une texture plus serrée, et il est plus noir, presque toujours mêlé avec la croûte blanche d'un Lepraria, avec lequel il croît sur les rochers.

A la fin de l'été, surtout après une longue sécheresse, les feuilles du tilleul, de l'orme, de l'érable, et, dans le Midi, celles du citronnier, se couvrent d'une matière noire, comme si elles avaient été exposées à la fumée. Cette matière, vue au microscope, présente une sorte de croûte mince entremêlée de quelques fibrilles. Il est encore douteux que cette production appartienne au règne organique ; cependant il est toujours bon d'éveiller l'attention des naturalistes sur ces sortes de phénomènes. En attendant, je propose d'appeler ce genre *Fumago*.

Un autre genre, aussi problématique, est

l'*Erineum* que l'on rencontre sur des feuilles encore vertes de plusieurs arbres, et qui a l'aspect d'une villossité byssoïde un peu roide, parfois grumeuse, ressemblante en quelque sorte à ces productions occasionées par les insectes du genre *Cynips*, dont la plus commune est le Bédéguar des rosiers. Il y a plusieurs espèces d'Erineum qu'on s'est hâté de diviser en deux ou trois genres. La plus ordinaire est celle qui vient sur les feuilles du sycomore : l'Erineum *acerinum* (Bull., t. 504. f. 15); elle est d'une couleur d'abord pâle, qui ensuite se change en brun. Parmi les autres espèces, on remarque l'Erineum *tiliæ*, qui est d'un pâle blanchâtre, et qui se trouve sur les feuilles du tilleul, où il forme des petits coussinets. L'Erineum du *noyer*, ou *Juglandis*, a des filets plus fins, comme un duvet, dont l'ensemble affecte une forme plus ou moins quadrangulaire, probablement à cause des nervures de la feuille entre lesquelles il se produit.

L'Erineum *vitis* est tantôt pâle, tantôt rougeâtre, selon les variétés de la vigne ; il est aussi plus touffu, et forme plus de plaques sur des feuilles, que les autres espèces. L'Erineum *alneum* se distingue par sa texture grossière et comme furfuracée, ainsi que par son étendue sur la surface inférieure des feuilles de l'aulne.

Dans le genre *Dematium*, les graines sont très-apparentes, et disposées sur une petite houppe de filamens souvent droits ou divergens : les deux espèces les plus communes sont les *Dem. herbarum* et *epiphyllum*. La première est noir-olivâtre, plus compacte, et vient sur les tiges sèches de différentes plantes ; l'autre, d'une texture plus fine et moins chargée de poussière, croît sur différentes feuilles tombées à terre. Les espèces assez nombreuses de ce genre paraissent surtout en hiver et pendant un temps humide. Elles sont toutes d'une couleur sombre, quelques-unes verdâtres ou olivâtres (Dematium *fungorum*).

Avant de commencer à parler de l'autre division, je veux encore désigner ici un joli petit champignon d'un beau blanc, qui paroît à la fin de l'été, sur les bois pourris et dans les vieux saules creux : c'est l'Isaria *mucida* de mon *Synops. fung.* Cette espèce ressemble, au commencement, à une gelée fluide, comme sont, dans cet état, les Trichiacées ; elle se change ensuite en une petite plante rameuse, flaccide, et saupoudrée d'une poussière attachée à des filets dont elle se détache, à l'époque de sa maturité, avec une sorte d'élasticité. Ce petit être a passé successivement par plusieurs genres : Micheli l'avoit mis d'abord dans le *Puccinia*, et Jacquin, *Miscellanea austriaca*, vol. 1, t. 26, dans le *Tremella*; Batsch et Bulliard (t. 415, f. 2), l'ont rapporté aux clavaires. Les auteurs de l'intéressant ouvrage sur les champignons de la Lusace (1) ont proposé d'en faire un nouveau genre, sous le nom du *Ceratium hydnoïdes*, qui a été adopté depuis.

Les autres *Isaria* sont, dès le commencement de leur développement, secs et plus fermes, farineux et presque toujours blancs; ils sont en général peu communs, et quelques-uns ont la singulière faculté de croître sur les cadavres des insectes ou des chrysalides : ces espèces sont alors d'une dimension plus grande.

Parmi les Byssoïdes dépourvus de graine, on remarque le genre *Hypha* qui ne croît

---

(1) Conspectus Fungorum Lusatiæ superioris; auctoribus *J. B. d'Albertini* et *L. D. de Sweiniz*. Lipsiæ, 1815, cum tabulis coloratis.

guère ailleurs que dans les souterrains : les espèces en sont toutes blanches, fugaces et humides au contact, ressemblant à des flocons
(Hypha *bombycina*), ou à des faisceanx allongés (Bissus *elongata*, Decand. Fl. Franç. 2,
p. 67.). D'autres ont un port plus régulier, et
même élégant, comme le Byssus *plumosa*,
Humboldt, *Flor. Friberg. specimen*, pag. 65,
t. 2, f. 7. On trouve dans cet ouvrage de M. de
Humboldt beaucoup d'autres Byssus souterrains bien décrits et figurés.

Les *Himantia* ont une forme plus régulière et une texture plus ferme, quoique
soyeuse. Ils sont rameux dès leur base, et ont
les sommités plumeuses, avec lesquelles ils s'é-
talent sur les feuilles sèches, sur des branches,
souvent sous l'écorce, dans les caves et sur les
murailles. Nous en citerons quelques espèces.
On voit bien communément dans les bois, sur
des feuilles sèches, ramassées, de chêne ou
d'autres arbres, quelquefois sur les branches
tombées à terre, des petites expansions velues
et ramifiées, d'un assez beau blanc, qui appartiennent à l'Himantia *candida*; il y en a plusieurs variétés ou sous-espèces, entre autres
une qui a la particularité de coller pour ainsi
dire ensemble des amas de feuilles, et le sou-

lève en tas. Sa texture est plus déliée, et même quelquefois comme oblitérée; il est d'une couleur argentée un peu luisante. Dans une autre variété (H. albida) qui s'attache plus particulièrement au bois sec, le rameau principal est libre, cylindrique et plus fort. Il faut cependant en distinguer, comme espèce, l'Himantia *radians*, d'un pâle brunâtre : d'abord rempant, les tiges principales s'élèvent ensuite; mais les sommités restent fortement adhérenrentes aux feuilles, en forme rayonnante. La figure que M. Tode a donnée de son Chordostylum *hispidulum* convient parfaitement à notre petite plante, excepté qu'elle ne porte point de globules *séminales*, dont parle cet auteur.

Une autre espèce de ce genre (Himantia *cellaris*) d'une dimension quelquefois considérable, est d'un noir mat, très-velu, et se rencontre sur les murailles des caves. Je réunis maintenant à ce genre, quoiqu'il s'en éloigne un peu, le Dematium *strigosum*, ou Byssus *fulva*, Huds, qui croît quelquefois dans les endroits un peu humides de nos maisons, ou sous l'écorce des troncs d'arbres en putréfaction. Il acquiert rarement une forme régulière; mais dans les lieux convenables à son développement, il forme des expansions orbiculaires, aplaties et plumeuses, comme dans le Mesenterica *argentea*, *Syn. Fung.*, pag. 706, (Vaill., Bot.; Paris, t. 8, f. 1.), que l'on doit aussi rapporter aux Himantia. Le genre *Mesenterica* Tode, qui est d'une substance trémelleuse, mérite d'être mieux observé. Le Mesenterica *rufa* forme un réseau régulier sur des bois pourris et humides; on le trouve, mais rarement, au commencement de l'hiver.

Les Himanties font un passage assez naturel au genre *Xylostroma*, dont les filets sont plus entre-croisés, et composés d'un tissu compacte et coriace, d'une forme indéterminée. Ces espèces préfèrent, pour leur développement, l'intérieur des arbres en dépérissement, ou l'écorce des troncs. La plus remarquable est le Xylostroma *giganteum* Tode, que j'avois autrefois réuni au genre Racodium. Cette production, d'un pâle blanchâtre et opaque, forme une sorte de feutrage épais de quelques lignes, et s'insinue entre les fentes de l'intérieur du chêne, dans un espace souvent très-étendu, et fortement collée au bois mort.

On observe encore des tissus byssoïdes irréguliers qui, bien qu'ils soient d'une texture mollasse et peu serrée, ont cependant leur superficie unie et comme membraneuse, surtout au milieu; on n'y voit ni graines, ni papilles distinctes, et ils sont par conséquent dépourvus d'un hymenium : ce sont des champignons intermédiaires entre les Bissoïdes et les Théléphores. On les trouve, mais moins communs, sur des bois secs, sur des feuilles, et même quelquefois à terre près les vieilles souches, où j'en ai trouvé une espèce d'une belle couleur sulfurine ou de citron, que j'appelle Athelia *citrina*. L'Athelia pallida est plus serré et étendu, et l'Athelia *epiphylla*, plus fugace, naît sur des feuilles tombées à terre.

Dans le second ordre, ce sont les *Thelephores*, qui ont le plus de rapport avec la seconde division des Byssoïdes. Quelques espèces du genre Thelephora, par exemple le Thel. *ferruginea* et *chalibœa*, sont aussi presque tous en entier d'une texture tomenteuse; mais elles portent déjà des papilles et des graines, comme leurs congénères. La plupart des autres espèces habitent aussi les arbres morts, les troncs, où elles forment de larges plaques qui contrastent avec le reste du bois noirci par le temps. Elles sont diversement colorées; il y en a de blanches (Thelephora *sambuci* et *acerina*), de cendrées (Th. *cinerea*), de rousses orangées (Th. *aurantia*), de couleur de rose (Th. *rosea*), commun sur les troncs du bouleau blanc, et de couleur de gang (Th. *cruenta*, espèce subalpine). L'espèce la plus belle est le Thelephora *caerulea*, Dec., ou *fimbriata*, Roth., qui est d'un beau violet ou couleur d'azur. On la rencontre dans les jardins où ailleurs, sur les troncs et les échalas; elle atteint quelquefois la longueur de quatre à six pouces; dans son premier développement elle ressemble à un peloton velu; et c'est dans cet état où elle est apparemment décrite par Linnaeus, comme le Byssus *phosphorea*.

Peu d'espèces de ce genre, comme nous l'avons fait observer, ont un chapeau distinct; mais elles adhèrent fortement au bois par leur surface stérile. Dans d'autres, les bords commencent, vers la maturité du champignon, à se détacher et à se rouler en dedans : le Thelephora *quercina* (Bull., t. 436., f. 1) et autres, en offrent des exemples. Cette espèce est très-commune sur les branches mortes du chêne; elle est de la consistance du cuir, et de la couleur d'un rouge tendre, qui se rembrunit, et finit, surtout à la marge, par devenir presque noirâtre.

Il y en a, mais en petit nombre, qui se replient presque entièrement, et deviennent en partie horizontales et souvent imbriquées; de ce nombre est le Thelephora *vulgaris* (Bull., t. 278

et 283), qui croît partout sur des vieux troncs, au bas des pieux ou sur des bois de charpente. Ce Théléphore se fait facilement apercevoir par une couleur jaune vif, et par sa surface extérieure très-velue ; il s'en trouve quelques variétés qui sont d'un pâle cendré, fuligineuses ou brunâtres ; mais le Thel. *purpurea* qui vient sur les troncs du tremble, de l'érable et de l'abricotier, que Bull. a décrit comme une variété du vulgaire, sous le nom d'Auriculaire *amethyste*, t. 483, f. 1, est une espèce distincte ; car, outre sa couleur pourprée, elle a une substance trémelleuse. Il faut encore en distinguer le Thel. *tabacina* ; Sonerby, t. 55, ou *ferruginea* ; Syn. *Fung.*, p. 569 (Bull., t. 483, f. v., n.), qui ne croît que dans les bois, où il commence à paroître au mois de novembre, sur de vieilles souches. Cette espèce est pâle, ferrugineuse, ou couleur du tabac d'Espagne un peu luisant : dans son premier développement, elle est un peu blanche, et ondulée sur les bords.

Le Thelephora *rubiginosa*, ou Auriculaire tannée, Bull., t. 378, a un port plus régulier que les autres espèces ; il est aussi d'une consistance plus roide et plus fragile, d'une couleur brune, ferrugineuse, et presque glabre ; il croît souvent imbriqué sur des vieux troncs chargés de mousse. On remarque à sa surface inférieure, entre les grands tubercules, quelques soies éparses que M. Link prend pour des capsules peut-être avortées ; et, par cette raison, il propose de faire de cette espèce un genre particulier (*Stereum*).

Peu d'espèces du genre Thelephora sont terrestres, et celles-ci pourroient en être détachées un jour, comme un genre particulier, non pas à cause de la localité et de la substance plus mollasse, mais par une particularité dont je ne peux encore deviner le but. Dans l'état frais, on remarque sur la partie sporulifère des Thelephora *caryophillea* (Bull., t. 483), Auricularia *phyllacteres* ; Bull., t. 436, f. 2, et Thel. *caesia, Syn. Fung*, p. 509, de distance en distance des soies ou des papilles disposées quatre à quatre, que Bulliard considère comme des vésicules spermatiques, ce qui n'est pas probable. Ce ne sont pas non plus des globules supportés par un pétiole, comme les avait dessinés ce botaniste.

Au reste, ces champignons forment le passage au genre *Merisma*, qui a le port d'une *clavaire*, dont le Merisma *foetidum* (Clavaria anthocephala. Bull., t. 452, f. 1), a la couleur et la nature du Thel. *caryophillé*; il exhale souvent une odeur désagréable. On trouve plus communément pendant l'été, le Merisma *cristatum* (Clavaire laciniée; Bull., t. 415, f. 1). Celui-ci est pâle-jaunâtre et très-difforme dans son port; les rameaux en sont frangés et découpés enforme de crête; il s'attache aux différens corps qui se trouvent dans son voisinage. Le Thelephora *sebacea, Synop. Fung.*, p. 577 (dont le Th. *incrustans* ne paroît pas être distinct) est par sa nature aussi un *Merisma*, car il naît de la même manière : on le voit, pendant l'été, dans les bois touffus, répandu sur des feuilles sèches, des branches et des graines, comme du suif, ou pour ainsi dire comme des œufs battus.

M. Decandolle a introduit dernièrement dans son *Supplément de la Flore françoise* un nouveau genre, sous le nom de *Coniophora*, que l'on peut adopter, bien que ce champignon ait la manière de croître des autres Thelephora; mais il est mollasse et plus membraneux; en outre, au lieu de papilles, il porte de larges tubercules divergents, en forme de stalactites; il est aussi chargé d'une poussière distincte. J'observerai cependant que ce dernier caractère ne lui est point exclusif: car le Merulius *destruens* en est aussi chargé. La Coniophore *membraneuse* est d'un brun foncé dans son milieu, blanc ou sulfurin sur le bord, lequel est très-tomenteux ; elle occupe un espace d'un pied d'étendue et se détache facilement. On la trouve dans les serres et sur les poutres à l'ombre. Elle végète au commencement de l'hiver : il y en a une variété à zônes concentriques, où se ramasse plus particulièrement la poussière séminale, et qui croît sur des murailles exposées à l'humidité.

J'ai aussi placé dans cet ordre de champignons, comme une sous-division, les *Tremelloïdes*, bien que plusieurs d'entre elles soient dépourvues d'un véritable hymenium ; mais elles ont le port des Helvelloïdes, et on remarque aussi des espèces tremelleuses dansquelques genres des autres divisions ; de plus, on voit la superficie de plusieurs tremelles, dans la maturité, saupoudrées de sporules, pour lesquelles il doit probablement exister des réservoirs dans l'intérieur de la substance. Au reste, ces graines ne sont ni nues, ni en grande quantité, comme dans les champignons du troisième ordre. Il y a des espèces de Tremelloïdes qui ont la forme des Pézizes, d'autres, celle des clavaires : plusieurs, qui sont pour l'ordinaire plus grandes, sont arrondies, plissées en différens sens : on peut les regarder comme autant de genres, mais qui sont encore peu nombreux en espèces.

Le genre le plus distinct est l'*Auricularia* (Auriculaire), qui a pour type l'*oreille de Judas*, ou le Peziza *Auricula* (Bull. , t. 427, f. 11), qui est d'une couleur noirâtre, et un peu tremelleux, et ne se propage guère ailleurs que sur les troncs de sureau. Ce champignon n'a pourtant pas de papilles distinctes, mais seulement quelques veines qui sont divergentes, et qui sont plus sensibles à l'extérieur qui est tomenteux et olivâtre : il n'appartient donc pas au genre Merulius. J'ai cru devoir en faire un particulier, avec lequel on réunira le Thelephora *mesenterica*, ou *tremelloides* Déc. (Auricularia *tremelloides*; Bull. , t. 290). Celui-ci croît principalement sur le noyer, dans les endroits gâtés de cet arbre; on le trouve plus rarement sur les souches pourries, auxquelles il est d'abord comme collé, s'en détache d'un côté et devient horizontal. Sa partie fertile est d'une couleur vineuse tirant sur le violet, lisse ou lacuneuse; mais l'extérieur est terne, velu et grisâtre. Dans ce petit genre, on pourroit aussi comprendre le Tremella *spiculosa* (Tremelle *glanduleuse*. Bull., t. 420, f. 1), qui paroît en hiver sur les

branches sèches; il est noir, aplati, et parsemé de points aigus, ridé étant sec; il est sur
son côté inférieur un peu tomenteux, ce qui
n'a pas lieu dans les autres Tremelles.

Dans le second genre de cette division, le
Tremella proprement dit, on remarque facilement, en hiver, sur des branches et sur des
pieux, le Tremella *mesenterica* (Bull., t. 499,
Vaill., t. 14, f. 4.) par sa belle couleur d'un jaune
orangé; il est grand d'un pouce, diversement
plissé ou sillonné. D'après M. Paulet, on peut
en faire usage sans inconvénient. M. le docteur Nees d'Esenbeck a fait de cette espèce, et
d'autres espèces semblables, un genre particulier auquel il a donné le nom de *Gyraria*.

Le Tremella *violacea*, que Bulliard a depuis réuni à l'espèce précédente, comme une
variété (*Hist. des Champignons*, p. 232,
t. 490), mériterait, pour me servir de ses propres expressions, d'être connu de ceux qui
s'occupent de la fabrication des couleurs: cette
espèce, mise en fusion dans de l'eau simple,
donne une couleur d'un beau bistre rougeâtre,
et qui porte sa gomme. Si l'on fait bouillir
cette Tremelle dans de l'eau, elle donne une
couleur plus rembrunie, et dont on pourroit

peut-être tirer un parti avantageux dans l'art de la teinture.

Parmi les espèces en forme de Pézize (*Agyria*, *Dacryomyces* Nees), se voient aussi fréquemment les Tremella *abietina* et *urticæ*. L'une, jaunâtre ou orangée, croît sur des planches de sapin; elle est aplatie, presque lisse, et large d'une ligne. L'autre se trouve au printemps sur les tiges sèches de la grande ortie; elle est d'un rouge-fauve, et paroît comme des points ou des taches rapprochés. D'abord enfoncée dans la branche, elle est concave comme une Peziza, ensuite aplatie. L'espèce la plus grande de ce sous-genre est le Tremella *recisa* Ditmar (Peziza *gelatinosa*, Bull., t. 460, f. 2) qui est d'une couleur tannée, et se termine en un pédicule presque latéral. On le trouve sur les branches sèches des saules.

Parmi les *Helvelloïdes*, les Pézizes semblent s'approcher davantage des champignons dont nous venons de parler; et, en particulier, les espèces d'une consistance gélatineuse, dont je vais mentionner la plus commune. Tout le monde doit avoir observé au commencement de l'hiver, sur les bûches de bois neuf, dans nos chantiers, ce champignon naissant par touffes sériales, qui perce l'écorce pour se faire jour, et qui a la substance de la gélatine ou de la colle forte. Extérieurement il est brun et un peu ridé, mais noir sur le disque qui devient à la longue bombé : c'est une espèce grande et assez changeante ou variée de formes, et qui, par cette circonstance, a été mise dans plusieurs genres. Bulliard l'a bien figurée à la t. 460, f. 2, sous le nom de Peziza *nigra* : c'est aussi la Peziza *inquinans*, *Syn.*, p. 651 ; car en la touchant elle noircit les mains par ses graines. On a voulu mettre ce champignon dans le genre *Ascobolus*, dont il n'a ni le port, ni la manière de croître. Si ses urticules s'élèvent quelquefois au-dessus du disque, ce que je n'ai pas encore observé, ses capsules ne sont ni remplies d'une substance liquide, ni élancées avec élasticité, ce qui est la propriété des Ascoboles.

Le genre Peziza est très-étendu et facile à connaître par la forme de ses cupules. Les espèces petites sont d'une consistance plus charnue, et quelquefois plus coriace. Elles sont plus nombreuses, et viennent ordinairement par peuplades sur des troncs, sur des branches, des tiges mortes de plantes herbacées, et moins communément sur des feuilles sèches. Parmi ces sortes d'espèces, on trouve partout le Peziza *fructigena*; Bull., t. 228, sur des

glands secs, et à moitié pourris, qui a un pédicule large et par sa position, courbée; il est
glabre, et d'une couleur pâle. Le Peziza *virginea*
(Bull., t. 376, t. 3) qui se reconnoît à sa couleur
d'un beau blanc, et à sa villosité, à laquelle s'attachent souvent des gouttelettes d'eau qui paraissent comme autant de petits cristaux quand
cette espèce croît dans les endroits humides. Le
Peziza *bicolor*, Bull., t. 410, f. 3 ou *pulchella*
qui est ausssi velu et blanc en dehors, s'en distingue par son disque, qui est d'un rouge de
vermillon, et tirant sur le jaune, dans le Peziza
calycina, Syn., 653, qui en est peut-être une
variété, croissant sur les petites branches sèches
de chêne. Le Pézize en *écusson* (P. *scutellata*,
Lin., Bull., t. 10), est aplati, sessile, rougeâtre, son bord est entouré de gros poils
noirs. Cette espèce se trouve principalement
sur les vieux saules, dans des endroits un peu
humides; mais en petit nombre d'individus à
la fois. Elle paroît en été.

Il y a aussi des petites espèces terrestres, et
parmi celles-ci on doit en remarquer une qui
brave quelquefois la rigueur de l'hiver, car
elle commence à paraître de bonne heure sur
les mousses, comme des tubercules rougeâtres,
avec un bord blanchâtre : on l'appelle le Pe-

ziza *leucomola* (Hedwig *Stirp. Cryptog.* vol. 2,
t. 4, f. 4.) Cependant celles qui croissent par
terre sont ordinairement grandes, fragiles et
extérieurement un peu farineuses. Le Peziza *ma-
cropus* (Pézize *pédiculée*; Bull., t. 457, f. 2.)
est très-connoissable par sa longue tige un
peu grêle : elle est grisâtre. L'espèce la plus
grande de toutes, est le Pézize en *ciboire,*
Peziza *Acetabulum*; Lin., Bull., t. 485, f. 4;
Vaill., *Bot.*, t. 13, f. 1. qui est très-rare, et
qui a été découverte par Vaillant, aux environs de Versailles. Les caractères les plus saillans de ce champignon sont les nervures ou
côtes qui se trouvent à sa surface inférieure,
et qui sont rameuses; son pédicule a aussi des
lacunes comme quelques Helvelles avec lesquelles cette espèce, ainsi que le Peziza *sul-
cata, Syn.* pag. 643, dont le pédicule seul est
sillonné, ont beaucoup de rapport.

Il est d'autres espèces d'une forme anomale,
ayant leurs cupules fendues d'un côté, et en-
tortillées comme une coquille. Linné les a toutes réunies sous le nom de Peziza *cochleata.*
Dans Bulliard, t. 154, f. A, on trouve figuré
le Pez. *brunnea*, et à la fig. B de la même
planche, le Peziza *alutacea*, toutes deux se
trouvent, durant l'été, fréquemment dans

les bois; mais la troisième qui est le Pez. *aurantiaca* (Bull. , t. 474), est plus tardive, et paroît au mois de novembre; elle est d'une belle couleur d'orange. Il faut encore distinguer le P. *coccinea*, ou P. *epidendra*; Bull., t. 467, f. 3, dont la coupe est en forme de grelot, d'un rouge écarlate, et qui se termine en un pédicule long, un peu blanchâtre et tomenteux. Cette belle espèce est printannière, et ne croît que sur des branches sèches tombées à terre. Les Peziza *onotica* qui est grand et d'un pâle incarnate, et *leporina*, qui est jaune brunâtre, sont aussi fendues d'un côté; mais elles prennent la forme d'une oreille. La dernière espèce n'est point rare dans les bois d'arbres verts.

Deux autres espèces d'une dimension moins grande, qui se rencontrent aussi souvent ensemble dans le courant de l'arrière-saison, sont le Peziza *crenata* (Bull., t. 596, f. 1.) et le P. *hemispherica* (Bull., t. 596, f. 2). La première est blanchâtre et a la forme d'une cupule de gland; elle est crénelée ou dentée sur ses bords. La seconde, qui est large d'un pouce, est blanchâtre à l'intérieur, et d'un brun foncé en dehors, ou elle est aussi hérissée de poils réunis par fascicule.

Le genre *Ascobolus* s'éloigne des Pézizes,

dont il a d'ailleurs le port, par la manière singulière de lancer ses utricules tout entières. Ces capsules se font apercevoir sur le disque, comme des points noirs; elles sont remplies d'une humeur limpide dans laquelle nagent huit graines; étant gonflées par la chaleur, elles se détachent de la cupule avec beaucoup d'élasticité. L'espèce la plus commune est l'Ascobolus *furfuraceus*, ou Peziza *stercoraria*, Bull. t. 576. L'Ascobulus *glaber*, qui est lisse et plus petit, se trouve aussi souvent en société avec l'autre. Toutes les deux, et les autres espèces décrites dans mon *Synopsis*, n'ont d'autre lieu natal que la fiente des animaux herbivores, où elles paroissent en automne.

Les *Helvelles* proprement dites, bien qu'elles aient un port particulier, ne diffèrent pourtant pas des grandes espèces de Pézizes, par des caractères systématiques bien tranchans; cependant leur chapeau est des deux côtés réfléchi, tantôt libre, tantôt adhérent au pédicule, lequel est ou lisse, ou cannelé, et quelquefois simplement lacuneux.

L'espèce la plus grande est l'Helvella *Infula*, qui est brune, à chapeau et pédicule lisses; elle préfère les pays un peu élevés, et croît au Hartz et dans les Vosges, où on l'appelle

Morille d'automne. Il y a aussi dans ce genre une espèce sessile qui ressemble à une Théléphore; sa surface inférieure est garnie de beaucoup de fibrilles radiculaires qui se fixent à la terre ; sa surface supérieure est irrégulière; un peu bosselée et bistrée. On a fait dernièrement un genre particulier de cet Helvella *acaulis*, sous le nom de *Rhizina* (Fries, *Obs. mycologicæ*, p. 145).

Dans le genre *Spatularia*, le chapeau est membraneux comme dans les Helvelles; mais il est tout-à-fait vertical, comprimé et continu avec le pédicule, sur lequel il est un peu décurrent de l'un et l'autre côté : on n'en connoît qu'une espèce qui est la Spatulaire jaunâtre (Sowerby, t. 35.).

Les *Géoglosses* se lient aux Helvelles par le genre qui précède; mais ils sont charnus, et ne dispersent pas leurs graines avec élasticité comme une petite fumée; ils sont aplattis et dilatés vers le sommet, ils ont une sorte de chapeau qui se confond un peu avec le pédicule, et dans lequel on observe les utricules distincts, par lesquels ils diffèrent aussi des clavaires, avec lesquelles ils ont été réunis jusqu'à présent. Ils aiment les endroits découverts, les pâturages et les gazons, excepté le Geoglossum *viride* que l'on ne trouve que dans les forêts. Les espèces ordinaires sont le Geogl. *glabrum*, ou Clavaria *ophioglossoides*, Bull., t. 372, qui est glabre, et le Geogl. *hirsutum* qui est poilu ; elles sont d'une grandeur moyenne et noirâtres.

Les *Leotia*, qui ont été confondus tantôt avec les Helvelles, tantôt avec les Clavaires, se distinguent de l'un et l'autre par un chapeau court, lisse, hémisphérique, ou ovale. J'en citerai deux espèces assez communes, même dans nos environs. La première, ou le Leotia *lubrica* (Helvella *gelatinosa*, Bull., t. 473, f. 2), vient au pied des arbres, ou parmi les gramens ; elle est d'une substance molle presque gélatineuse, à tête arrondie, et d'une couleur d'olive jaunâtre. L'autre, qui aime les endroits humides et les marais (à Saint-Léger), diffère par la forme plus cylindrique, par la substance plus membraneuse, et par la couleur rouge-brunâtre. Bulliard l'a décrite et figurée comme le Clavaria *phalloides* (voyez son ouvrage, vol. 1, p. 214, t. 463, f. 3, et Dickson, *Crypt. Brit.*, fasc. 3, p. 22, t. 9, f. 13). N'ayant d'abord connu cette plante que d'après les dessins que les auteurs en ont donnés, et qui ne se ressemblent point, j'en avois fait dans mon *Synopsis*, et j'avoue ici ma faute, trois espèces différentes que je réunirai sous le nom du Leotia *uliginosa*.

Un genre voisin de celui-ci, et peu diffé-rent, est le *Helotium*, qui contient des espè-ces fort petites et peu nombreuses, ayant à peu près la forme d'une épingle ou d'un clou. L'Helotium *aciculare* (Bull., t. 473, f. 1,) est blanc, et a une capitule hémisphérique; son pédicule est assez long, et divisé dans quel-ques individus. Il vient par petites peuplades, en automne, sur des bois pourris. Le Helotium *fimitarium* est encore plus mince et rougeâtre, on en trouve une variété, qui a une capitule plus globuleuse, sur le crottin des lapins, au mois de novembre.

On est encore incertain où il faut placer le genre *Stilbum*, composé d'espèces presque toutes microscopiques, et qu'on prendrait pour des Mucors, dont elles diffèrent cepen-dant par leur piléole arrondi ou ovale, et so-lide, qui d'abord limpide, devient à la ma-turité terne, et porte vraisemblablement à l'extérieure ses graines nues. En attendant qu'elles soient mieux étudiées, on pourrait les laisser à la fin des Helvelloïdes; car les Stilbum ont le port à peu près des *Hélotium*. Le Stilbum *parasiticum* (*Sturm. Fung. Germ.* t. 46.) n'est pas rare sur les *Trichia* qu'il détruit et enveloppe comme une moisissure. Les autres espèces croissent au printemps et en automne sur des bois pourris et humides, elles sont d'une substance un peu gélatineuse et ordinairement d'une couleur pâle ; quelques-unes ont un pédicule noir. (Stilbum *rigidum*.)

Les *Clavaires* sont partagées en deux sections, en Clavaires *simples* ou *rameuses*, qui ont encore des sous-divisions ; car parmi les simples se trouvent de petites espèces qui ont un pédicule distinct, et une clavule ovale et cylindrique qui seule est fructifère : tels sont le Clavaria *ovata*, tout blanc, à tête obovale, qui croît sur les rameaux secs de la ronce et les Clavaria *gyrans* et *erythropus*, blancs, à clavule un peu cylindrique, et qui sont parasites sur des sclerotium, nichés sous l'épiderme des branches ou des feuilles sèches. Une jolie espèce de cette sous-division est le *micans* qui est assez commune au printemps sur les tiges sèches des plantes herbacées, surtout du panicaut, Eryngium *campestre*; son pédicule est court et blanc, et s'évase en une tête ovoïde d'un rouge vif. Cette espèce n'appartient-elle pas plutôt au genre Helotium ?

Il y a aussi des Clavaires simples qui sont solitaires ou qui croissent en faisceaux, dont plusieurs ont aussi une sorte de tige ou une partie un peu luisante, différente de la nature des clavules, par exemple, le Clavaria *falcata*, commun dans des endroits un peu humides des bois ; il est blanc, long d'environ un pouce et en forme de faux. Dans le Clavaria *eburnea* (Bull. t. 463, f. 1), qui est aussi blanc, et dans le Clavaria *fragilis* (*Flor. Dan.* t. 735, f. 1), les individus sont presque réunis à leur base. Ces deux variétés ou espèces croissent dans les pâturages ; on y trouve aussi, mais plus fréquemment dans les bois, le Clavaria *helveola* (Bull. t. 463 , fig. 1 , B, N, O); cette espèce est d'un beau jaune, mais la sommité devient brunâtre.

L'espèce la plus considérable parmi les simples est le Clavaria *pistillaris*, L. (Bull. t. 244; *Schœff. Fung.* t. 169) qui a la forme d'une massue, et qui atteint la longueur de quatre à six pouces. Elle est très-charnue, d'une couleur fauve et amère au goût ; c'est pourquoi on ne l'emploie pas comme aliment.

Dans la division des espèces rameuses il y a plusieurs gradations de ramifications jusqu'à la Clavaire *corolloïde* qui est l'espèce la plus divisée de toutes. La Clavaire *ridée* ou Clavaria *rugosa* (Bull. t. 488, f. 2 ; Vaill. *Bot.* t. 8, f. 2) est peu rameuse et souvent simple, elle est fragile, blanche et longue, mais assez mince ; elle s'épaissit vers l'extrémité qui est ridée et un peu difforme.

Le Clavaria *cornea*, ou Clavaria *aculeiformis*, Bull. t. 468, f. 2, est aussi tantôt simple, tantôt bifurquée. Cette espèce est très-petite, de deux ou trois lignes, d'un jaune orangé, et d'une substance un peu trémelleuse ; elle est assez commune sur des poutres pourries.

D'autres espèces sont beaucoup plus divisées, une partie ont la tige (*caulis*) mince, et l'autre l'ont très charnue ; celles-ci sont toutes comestibles. Parmi les premières on remarque la belle Clavaire *améthyste* (Bull. t. 496, f. 2), mais qui est rare ; le Clav. *cristata* (Bull. t. 358, f. 1) qui est très-commune, blanche ou blanc-fuligineuse, et un peu variable. On observe souvent sur sa tige un sphæria *parasite* qui l'épuise et le rend presque noire. Les rameaux en sont ou finement divisés ou très-obtus , et dans cette circonstance en petit nombre.

Ces Clavaires rameuses font une transition naturelle au genre *Hericium* , qui presque tous seront décrits dans la seconde section de ce Traité. J'observe seulement ici , bien que les Hericia aient le port des Clavaires , et même qu'une des espèces de ce genre soit rapportée à celles-ci , que leurs ramifications sont de véritables aiguillons, souvent un peu creux, tandis que celles des Clavaires sont toujours une continuation du corps ou du premier rameau.

Dans le genre *Hydnum* il y a aussi beaucoup d'espèces crustacées, ou attachées en forme de plaques par leur surface inférieure aux bois; elles forment la division *Odontia*. L'Odontia *farinacea* se voit dans le creux des vieux saules ou autres bois secs. Elle est blanche et comme saupoudrée de farine; ses aiguillons sont fort petits et très serrés.

Il se trouve aussi des Hydnes *dimidiés* et *horizontaux*, mais en petit nombre, parmi lesquels on distingue une espèce assez curieuse, tant par sa forme que par son *habitat* toujours sur les cônes du pin sauvage (Pinus *sylvestris*) , tombés à terre , elle est connue sous le nom d'Hydne *cure-oreille* (Hydnum *Aurisclapium*, Bull. t. 481 , f. 3). Un pédicule long et droit se trouve au reste très-rarement réuni avec un chapeau demi-orbiculaire dans les champignons.

L'Hydne en *touffe* ou Hydnum *concrescens* (H. *cyathiforme*, Bull. t. 156, et H. *hybridum*, t. 463, Var.), qui paroît de bonne heure dans les bois , se fait facilement connaître par un certain nombre d'individus de cette espèce, qui sont adhérens entre eux par leur chapeau ; ils enveloppent même dans cette touffe des mousses , des feuilles et branches sèches qui se trouvent dans son voisinage. Cette espèce est dans son premier développement presque blanchâtre et tomenteuse; elle devient dans la suite glabre , mais ridée ou striée et d'une couleur brunâtre ; elle se cave au milieu, mais peu profondément ; ses aiguillons sont blanc - brunâtres , sa consistance est coriace, son pédicule est court et un peu tubéreux.

Il est curieux de remarquer que cet Hydne , le Boletus *perrennis*, le Thelephora *caryophillea* et *terrestris*, les Merisma *fœtidum* et *lineare* , tous champignons de diffé-

rens genres , ont à peu près la même couleur,
la même consistance, et la même manière de
se réunir entre eux ou d'envelopper d'autres
corps.

Les *Sistotrèmes* forment un genre artificiel
et intermédiaire entre les Hydnes et les Bolets
ou Polypores : ce sont des Bolets dans leur jeunesse , et des Hydnes dans leur plein développement. Ils se montrent sous le même port que
ces deux genres , et on peut y établir les mêmes sous-divisions. Mais les espèces crustacées
de ce genre sont en général d'une texture moins
fine que les Odonties, et sont presque toutes glabres. Parmi celles-ci on remarque le Sistotrema *quercinum* (Hydne *membraneux* ,
Bull. t. 481, f. 1.) Il croît sur les rameaux secs
du chêne, et est d'une couleur pâle-brunâtre;
ses aiguillons sont difformes, rudes et divisés.
Le Sistotrema *violaceum* (Hydnum *parasiti-*
cum , L.) est auparavant résupiné , et s'étale
dans cet état comme une bande de la longueur
d'un pied suivant la localité ; bien développé,
il se réfléchit , et fait voir un chapeau tomenteux et blanchâtre ; mais à sa surface inférieure
cette espèce est toujours d'un beau rouge-vio-
let. On ne la trouve guère que sur le bois de
sapin, et elle est assez rare. Mais au contraire

rien de plus commun dans nos environs que le Sistotrema *cinereum* (Boletus *unicolor*, Bull. t. 801, f. 5). que l'on trouve sur toutes sortes de troncs d'arbres , mais il paroît qu'il préfère croître sur celui du maronnier d'Inde (*Æscu-lus*). Dans le commencement il est presque blanc, un peu charnu , et a des pores grisâtres bien conditionnés ; mais dans l'âge adulte ceux-ci se divisent, surtout dans le milieu du chapeau, en dents distinctes, le chapeau à l'extérieur est alors grisâtre , d'une couleur mate et tomenteuse.

Parmi les Bolets crustacés (*Poria*), l'espèce assez vulgaire est le Boletus *medulla panis*, Jacquin, ou *Bolet mie de pain*, nommé ainsi par quelque ressemblance que l'on a trouvée avec la mie de pain , soit par la couleur , soit par les pores qui ressemblent aux cellules du pain. Au reste, cette espèce est d'un beau blanc, épaisse et glabre partout, même sur ses bords, lesquels, dans la plupart des autres espèces, sont tomenteux et même fibrilleux. On trouve cette espèce plus particulièrement sur des bois travaillés, ainsi que la suivante , le Boletus *contiguus* qui est épais et d'une forme linéaire, c'est à-dire longue, mais d'une largeur presque égale ; il est d'un brun mat, et on le rencontre sur de vieilles portes des jardins. Le nom de *contiguus* lui fut donné par opposition au Bol. *salicinus* qui est aussi de la même couleur, mais un peu luisant, ondulé sur la surface, et souvent interrompu ; ce champignon se trouve aussi aux environs de Paris, mais assez rarement ; il tapisse les cavités des vieux saules.

Dans la division des Bolets à chapeau distinct, mais semi-orbiculaire, il y a des espèces très-utiles, par exemple, le Bolet *odorant*, Boletus *suaveolens,* Lin., qui vient sur les saules à la fin de l'automne et quelquefois au printemps ; il est blanc, un peu tomenteux, et répand une odeur agréable d'iris de Florence : il est employé dans quelques pays comme médicament contre la *phthysie*. Linnæus dans sa *Flora laponica* rapporte qu'il sert aussi à la galanterie des jeunes lapons. (1)

Mais l'espèce qui est d'une utilité plus générale que toutes les autres espèces de champignons, est l'*Amadouvier*, le Boletus *igniarius* (Bull. t. 491). Il vient sur les hêtres languissans, il est quelquefois d'une dimension considérable : alors il a des côtes ou cercles

---

(1) Sans doute à titre d'aphrodisiaque.

saillans, et d'une couleur noirâtre; mais ses pores sont bruns et fort petits (1).

---

(1) Voici la manière de préparer l'*Amadou*. Elle consiste à ramollir par la cuisson la substance cotonneuse du Bolet, et de l'imprégner d'une matière capable de donner plus d'activité au feu, quand on l'allume. Après avoir exposé l'Amadouvier dans un lieu frais ou dans une cave, pour le faire ramollir un peu, on le coupe ensuite par tranches minces; on rejette la partie par laquelle le champignon adhéroit à l'arbre; on retranche aussi les tuyaux : on bat ces lames sur une pierre unie ou sur un billot de bois, avec un marteau de bois; on les dispose ensuite par lits dans une grande marmite de fer ou un chaudron; on y verse de l'eau en suffisante quantité pour que le tout surnage, et on ajoute du salpêtre selon la quantité d'amadou : on fait bouillir le tout une demi-heure ou une heure. Après ce temps, on retire ces tranches, et on les fait sécher lentement à l'ombre ou dans un lieu médiocrement chaud; ensuite on recommence à les battre; quelquefois, au lieu de faire bouillir les lames de l'Amadouvier, on se contente de les mettre dans les cendres de lessive, et de leur donner deux ou trois chaudes de cette lessive bouillante. Il y a des personnes qui frottent encore l'amadou avec de la poudre à canon, mais cela la rend noire et la salit. Le procédé des bûcherons dans les Vosges est encore moins recommandable; ils se contentent d'enterrer les tranches du Bolet, et de les arroser pendant un certain temps avec de l'urine.

Il s'en trouve une variété qui est grisâtre et sans côtes, un peu glauque au-dessous, et qui paroît être la même espèce que la précédente mais non encore tout-à-fait développée : c'est le *Sabot subéreux* de M. Paulet (*Traité des Champig.* p. 93 à 94), et vraisemblablement aussi le Boletus *fomentarius* de Lin., ainsi que celui de mon *Syn. Fung.* p. 336. Mais l'espèce que Linn. avoit désignée sous le nom de B. *igniarius* n'est pas bien connue; car dans sa *Flora suecica*, p. 454 , il lui donne des aiguillons (*aculei*, peut-être est-ce une erreur du copiste ou du compositeur,) et aussi un stipes; cependant la synonymie qu'il ajoute appartient au Boletus *igniarius* des auteurs, dont le Boletus *fomentarius* et *igniarius* de Sowerby (*Engl. Fung.* t. 132 et 133) sont des variétés. Le Boletus *igniarius* de Bull. t. 454 , fig. A , B , D , F , est la variété, ou si l'on veut, l'espèce qui croît principalement sur les vieux saules, et aussi sur quelques arbres fruitiers ; il est d'une consistance plus dure, et la moitié plus petit que le

---

Pour faire l'*Agaric astringent* des chirurgiens, qui vient aussi du même champignon, on le prépare de la même manière, mais sans y ajouter de sel ni de cendre.

Bolet du hêtre ou *igniarius.* Je remarquerai en passant que Bulliard a confondu sur la même planche de son ouvrage et sous le même nom deux autres espèces bien distinctes; par exemple, celle qu'il a figurée à la fig. E est le Boletus *ribis* : voyez Decand. *Supplém. à la Flore Franç.* p. 4; la fig. C. représente un autre *champignon* qui croît au pied des chênes, large, aplati et brunâtre, ayant sur la superficie des protubérances souvent difformes, mais point de cercles, que j'appellerai Boletus *torulosus.* Le Boletus *igniarius* de mon *Synops. Fung.* p. 534, ou Bol. *ungulatus,* Var. Schæff. *Fung.* t. 137, est une espèce particulière, qui croît seulement sur les pins; elle est la moitié plus petite, très-dure, presque lisse et rougeâtre; ses pores sont pâles, et blanchâtres, ou jaunâtres. Ce Bolet donne un amadou très-inférieur, et il n'est presque pas employé.

Je ferai encore mention ici de quelques autres espèces de Bolets, les plus remarquables.

On voit souvent croître pendant l'été, dans nos vergers ou ailleurs, au haut des arbres à fruit, un Bolet d'une étendue assez considé-rable, d'un jaune brun, d'une substance un

peu coriace , molle et aqueuse, dont la surface supérieure du chapeau est hérissée de poils
rudes , qui lui ont fait donner le nom de Bolet *hérissé* ou Boletus *hispidus*, Bull. t. 493.
En vieillissant ce champignon se noircit , et
finit par paroître comme s'il étoit brûlé. Le Bolet *calcéolaire* de Bulliard (t. 360 et 445, f. 2)
se développe pendant les hivers doux sur les
vieux troncs de saules ; son chapeau est dimidié et creusé , d'un rouge-brunâtre ; ses pores
sont petits, jaunâtres et décurrens sur le pédicule qui est latéral et presque noir.

D'autres espèces de cette division méritent
aussi d'être citées à cause de leur couleur agréable. Le Boletus *versicolor*, Lin. ou Bolet *bigarré*, Bull. t. 557 , f. L , et t. 86, f. A et B,
est varié à sa surface supérieure par des couleurs ou bandes brunes , jaunes, blanches et
bleuâtres , et quelquefois entièrement jaunâtres (Bol. *ochraceus*, *Syn.* p. 559 ; Bull. t. 86,
fig. C). Il est très-mince et assez petit ; souvent plusieurs de ses piléoles imbriqués forment sur les troncs d'arbres une rosette. Une variété ou sous-espèce plus grande et plus épaisse
se rencontre dans les jardins sur les anciens
pieux ; elle est moins bigarrée et plus épaisse.
Elle croît aussi souvent solitaire ou par étage

(*an* Bull. t. 537, fig. 1 ?) Le Boletus *cinna-barinus* (Bolet *scarlatin* Bull. t. 501, f. 1) est d'une belle couleur de cinnabre, comme l'indique son nom. Il ne se trouve que sur le *mérisier*, *prunus avium* L. Sur le même arbre, mais aussi sur le tronc des chênes, vient en été le Boletus *citrinus* ou Bolet *sulfurin* (Bull. t. 429), qui est mollasse, couleur de citron avec une teinte de rouge. Le Boletus *be-tulinus* (Bull. t. 312) est tout-à-fait blanc, d'une forme régulière, mais semi-orbiculaire, et attaché aux arbres par un pédicule court et épais. Il a une saveur acide, et ne se rencontre que sur le tronc du bouleau blanc.

Parmi les Bolets stipités, on voit avec plaisir dans les bois le Boletus *perennis*, L. (B. *coriaceus*, Bull. t. 449, f. 2 ; et B. *fimbriatus*, t. 254), il vient au bord des chemins, rarement sur de vieilles souches, et plusieurs individus réunis par le chapeau croissent quelquefois en cercles magiques. Ce champignon est d'une substance mince et sèche, et d'une couleur gris-brunâtre.

L'espèce la plus remarquable de ce genre est le Boletus *laccatus* ou Bolet *vernissé* (Bol. *vernicosus*, Bergeret, *Phyt.* t. 99). Il paroît être aussi indigène au Japon, du moins le Boletus *dimidiatus*, Thunberg (*Flor. Jap.* p. 348, t. 39.) lui ressemble beaucoup. Dans son premier développement qui commence en été, on le prendroit pour une Clavaire, ayant la forme d'une massue ; puis il prend celle d'une cuiller ou truelle ; en automne le chapeau devient horizontal, il est marqué de zones ou cercles, sur un pédicule central. Sa couleur est d'abord jaunâtre, ensuite rougeâtre ou marron, et blanche en-dessous. Sa surface est luisante, et comme enduite d'un vernis ; ce qui est une singularité qui lui est propre. Il croît presque par terre sur de vieilles souches. Bulliard dit que ce Bolet, qu'il appelle B. *oblique* (p. 535, t. 459), est vivace ; mais je le regarde comme annuel ; car, l'ayant trouvé au printemps, il étoit déjà passé, et devenu presque noir, mou et n'ayant plus de vernis.

Le genre *Dædalea* est dans le même rapport avec les Bolets, les Mérules ou les Agarics que les Sistotrèmes sont avec les Bolets et les Hydnes. Il porte des tubes à sa base ou à sa périphérie, et dans le milieu, des lames allongées ou réunies en une sorte de réseau, principalement dans leur jeunesse. Les espèces en sont toutes coriaces, dimidiées, et croissent sur les troncs et les bois secs.

Je ne citerai ici que les deux espèces vulgaires : la première est le Dædalea *quercina*
ou Agaricus *quercinus*, Lin.; A. *labyrinthi-
formis* (Bull. t. 552 et 442, f. 1), qui est
d'une substance très-dure, vivace, et épais
de quelques pouces; quelquefois cependant il
est flexible; la couleur en est gris-pâle ou blanchâtre, et la superficie presque glabre. Ses
feuillets ou lames sont disposés comme les routes d'un labyrinthe, ou mieux, comme les sillons des noyaux de pêches. En Autriche,
où cette espèce est peut-être plus commune,
on en fabrique de l'amadou. Le Dædalea *coriacea* (Agaricus, Bull. t. 394, et t. 537, f. F.
Bolt. *Fung*. t. 150) est beaucoup moins épais,
plus flexible, et a aussi un chapeau convexe,
très-velu et gris-blanchâtre. Dans l'âge avancé,
ses feuillets sont plus libres, comme ceux des
vrais Agarics; mais dans sa jeunesse, ces mêmes feuillets sont épais et anastomosés.

Bulliard a mal à propos réuni à la planche
537 de son ouvrage, sous un seul nom d'Agaric *coriace*, plusieurs espèces différentes. Les
figures A et F appartiennent au véritable Agaricus ou Dædalea *coriacea*; les figures L et B
rendent très-bien le Bolet *bigarré* ou Bol. *versicolor*, qui, comme on sait, a des pores et

non des lames ; la fig. P représente peut-être le Dædalea *gibbosa*. L'opinion de M. Bulliard sur cette réunion d'espèces si différentes était fondée sur ce que l'arbre ou la souche qui a donné naissance à ces champignons, ne leur a pas fourni une assez grande quantité de sucs nutritifs , soit que de trop fortes chaleurs ou un froid trop rigoureux soient venus tout-à-coup interrompre le cours de ces sucs ; car si les sucs nutritifs que reçoit son Agaric *coriace* sont en trop petite quantité, sa surface inférieure reste poreuse, et il se présente comme le Bolet *bigarré*, n'ayant pas reçu une quantité suffisante de sucs pour passer à l'état d'agaric ; mais, si ce même champignon en est bien fourni , sa surface inférieure se couvre de feuillets; et si la quantité de ces mêmes sucs est trop grande , ou afflue trop promptement, sa surface inférieure, au lieu de pores et de feuillets , se trouve creusée de sillons qui imitent les routes d'un labyrinthe.

Parmi les Mérules résupinés, le Merulius *serpens* naît sur les bois secs en automne et en hiver, où il se présente comme des rubans; il a la consistance d'une peau, et est d'un pâle rougeâtre : lisse au commencement, il prend dans sa maturité des rides ou des veines, mais peu distinctes.

Le Merulius *destruens* ou Boletus *lacrymans* (Sowerby, *Fung.* t. 113) est plus remarquable par les dégâts qu'il fait aux constructions en détruisant les bois, les planches, etc. sous lesquels il reste souvent long-temps dans l'état d'un *Himantia* ; mais se développant ensuite au-dehors, il prend une forme régulière, s'élargit beaucoup en occupant un grand espace; alors sa surface qui est d'un jaune-orangé, est relevée de larges plis anastomosés en forme de réseau à grandes mailles, et chargée d'une poussière couleur de cannelle. Ce champignon est mince et membraneux, excepté les bords qui sont blancs et cotonneux, il est en outre d'une substance molle et humide ; c'est pourquoi on remarque sur lui des gouttelettes d'eau, occasionées par l'évaporation. On a proposé comme un bon moyen pour s'en défaire d'arroser les planches avec de l'eau mêlée d'acide sulfurique (1).

Un champignon gris noirâtre, en forme d'entonnoir ou de trompette, qui se fait voir

----

(1) Voyez aussi des observations curieuses sur ce champignon nuisible, dans le *Journal de Botanique*, Année 1813, p. 12, communiquées par M. le baron de Beauvois.

par groupes à la fin de l'été dans tous les bois, a été confondu avec les Pézizes, sous le nom de Peziza *cornucopioides*, L., ou Helvelle *corne d'abondance*, Bull. t. 498, f. 3. Il est maintenant réuni au genre Merulius à cause de son port et de son affinité avec le Mérulius *cine-reus* (Helvella hydrolips, Bull. t. 485) que l'on trouve aussi, quoique moins communément, pêle-mêle avec lui ; cependant il n'a pas de nervures saillantes, mais seulement des lacunes qui s'anastomosent un peu ; quelquefois il est entièrement lisse. Micheli, dans son *Genera plantarum*, p. 201, t. 82, en a fait avec deux ou trois autres espèces qui ont aussi l'*hymenium* sans veines et qui croissent en Italie, un genre distinct. On pourroit dans un plan systématique imiter cet ancien botaniste, en donnant toutefois à ce genre un autre nom que celui de *Fungoidaster*. M. Paulet a donné à cette espèce le nom françois de *Trompette des morts*, probablement à cause de sa couleur ; car, malgré ce nom d'un mauvais augure, elle a, dit cet auteur, une légère saveur de truffe, et donnée aux animaux elle ne leur fait aucun mal (Voy. son *Traité des Champ.* p. 404).

Un autre Mérule qui croît aussi en touffes, et particulièrement sur les vieilles souches,

est le M. *tubiformis* (Helvel. en trompette. Bul.
t. 461. fig. A et C; et l'Helvelle cantharelloïde,
t. 443). Il est membraneux et d'une grandeur
moyenne ; extérieurement sa couleur est d'un
fauve clair ou d'un rose cendré ; sa surface supérieure est brunâtre, souvent zonée et ridée.
Cette espèce ne paroît avoir rien non plus de
nuisible.

Nous aurons occasion de rapporter, dans la
seconde partie de ce Traité, beaucoup d'espèces du genre Agaric ; mais il y a deux
sections, dont nous n'avons pas parlé, parce
qu'ils ne comprennent pas des espèces em-
ployées comme alimens.

Dans l'une de ces divisions, désignée comme
sous-genre, *Coprinus* ou *Agarics fimetaires*,
se trouvent celles qui sont d'une substance
presque aqueuse, en se fondant, à la maturité, en un suc noir. Elles poussent principalement auprès du fumier des animaux herbivores, ou au pied des arbres et parmi des
gramens où se trouvent des matières en corruption. Ces sortes de champignons n'ont pas
précisément une qualité malfaisante, car ils
ont de l'affinité avec le *champignon de couche*,
mais étant si peu substantiels, et se dissolvant

si promptement, on ne les recherche guère pour servir d'aliment.

On y remarque entre autres l'Agaricus *fimetarius*, Linn., ou *comatus* (Sowerby Fung., t. 189), qui est grand, blanc et en forme de massue, ayant des écailles soyeuses et un collet mobile. L'Agaricus *plicatus* (A. Atramentarius, Bull., t. 164) vient par groupes nombreux dans les lieux humides et le long des haies : il est d'un brun cendré, et un peu écailleux au sommet : les bords de son chapeau sont striés et sinueux ; mais dans la dissolution du champignon, ils se réfléchissent, étant déchirés. Les feuillets sont très-serrés, larges, d'un blanc tirant sur le violet. L'Agaricus *truncorum*, Schæff., t. 4, se voit souvent après la pluie, depuis le printemps jusqu'au commencement de l'hiver, au pied des arbres dans les avenues et aux bords des chemins. Plusieurs individus en sont réunis par les pédicules, qui sont, comme dans toutes les espèces de ce genre, blanchâtres ; leurs feuillets, d'abord d'un gris blanc, prennent une teinte brune ou vineuse ; leur chapeau est d'un gris jaunâtre et plié sur le bord. L'Agaricus *micaceus*, Bull., t. 565, en est peut-être une simple variété, ayant à peu près la même couleur, mais il est plus grand et a une forme plus régulière ; il préfère aussi l'ombre des bois, où il croît sur les vieilles souches, en automne.

Une autre espèce qui lui ressemble, mais qui est la moitié plus petite, est l'Agaricus *digitaliformis*, Bull., t. 525. (Agar. *disseminatus*, Syn. Fung., 403.) Il n'est pas groupé, mais il vient par peuplades nombreuses sur le bois pourri et sur les saules.

Les deux suivantes sont d'une consistance plus ferme. L'Agaricus *papilionaceus*, Bull., t. 561, f. 2, ainsi nommé, parce que les lamelles, d'un gris noirâtre, sont tachetées ou nébuleuses, comme les ailes de certains papillons ; son pédicule est long, ferme, mais assez mince, de couleur bistrée, et parsemé d'une poudre qui s'attache aux doigts ; son chapeau est en cloche, pointu, brun ou bistré. Ce champignon vient solitaire, soit parmi lés gramens, où il acquiert plus de grandeur, soit sur la fiente des bêtes de somme, alors ils croissent plusieurs ensemble.

L'autre espèce est l'Agaricus *semiglobatus* ou *Anitens*, Bull., t. 566, f. 4, et t. 84, qui a un chapeau un peu charnu, hémisphérique, un peu visqueux, et jaunâtre. Ses lamelles sont très-larges, horizontales et nébuleuses ; son pédicule est long et muni d'un petit anneau : il vient aussi sur la fiente des animaux.

Dans le genre *Agaricus*, se trouve aussi une division à chapiteau dimidié, mais qui contient peu d'espèces en comparaison du nombre considérable des autres ; il n'y en a aucune qui vienne par plaques, c'est-à-dire qui soit adhérente au bois par toute sa surface inférieure, comme nous l'avons vu dans les genres Théléphora, Boletus et Hydnum. Il n'en est point ainsi des espèces subéreuses, car on les a rapportées au genre Dædalea. On pourroit faire de l'Agaricus *Alneus*, Linn. (Bulliard, t. 581, f. 1), qui est aussi d'une nature sèche et un peu coriace, un genre particulier (*Flabellaria*), par rapport à ses feuillets, qui s'en trouvrent sur leurs tranches, et dont les deux lames se roulent de côté. Une autre espèce ou variété exotique diffère de celle-ci en ce qu'elle est profondément découpée en plusieurs lobes. Ce champignon naît en hiver, sur les endroits pourris des troncs de plusieurs arbres ; il est en dessus un peu velu, d'un blanc cendré, et purpurin en dessous.

Parmi les Agarics dimidiés, se présentent deux espèces assez intéressantes : l'une est l'Agaricus *stypticus*, Bull., t. 557, f. 1, qui est d'une substance sèche et d'une couleur de cannelle ou fauve ; son pédicule est dilaté vers le sommet ; ses feuillets sont minces et brunâtres : sa saveur est très-styptique, ce qui fait connoître aisément cette espèce, laquelle se groupe souvent par étages les uns au-dessus des autres sur les troncs d'arbre, préférablement sur ceux du chêne.

L'Agaricus *sessilis*, Bull., t. 581, f. 3, qui est l'autre espèce, se succède depuis l'été jusqu'à l'hiver ; il s'attache presque à tous les corps qui l'environnent, mais plus particulièrement aux petites branches tombées à terre. Sa couleur blanche et pure le feroit découvrir facilement, quand même il ne seroit pas vulgaire : ses feuillets, d'abord blanchâtres, deviennent roussâtres à leur maturité, étant chargés de graines. Je ne puis passer sous silence une particularité de ce petit champignon : dans son premier développement, il a souvent un pileus entier ou arrondi, et un pétiole central, mais déprimé : celui-ci se perd par la suite, et le chapeau devient dimidié, et s'attache d'un côté au bois.

Parmi les *Amanites*, il y a une espèce qui ne croît guère ailleurs que dans les serres, sur le tan. Cette espèce (Amanita *virgata*, Bull., t. 261), a un volva très-grand et épais, gris et rayonné de lignes noirâtres, comme l'est le chapeau, qui est un peu velu et large. Les feuillets sont couleur de brique, et pulvérulens ; le pédicule est blanchâtre.

L'Amanita *pusilla*, ou *Agaricus volvaceus minor*, Bull., t. 550, lui ressemble beaucoup par les couleurs ; cependant il est plus pâle, et quelquefois blanchâtre : son chapeau, qui est hémisphérique, est relevé d'un mamelon ; son volva se divise aussi régulièrement en quatre segmens. Je ne l'ai jamais trouvé qu'en automne, dans les jardins. Cette espèce, ainsi que la précédente, participe de la nature des *Pratelles*, dont le type principal est l'Agaricus *campestris*.

Dans le troisième ordre se rangent les champignons qui, par leur anomalie, par rapport à nos connoissances, ne peuvent être bien placés systématiquement avec les autres, quoique plusieurs en aient le port.

La sous-division la plus marquante comprend les Volvacées, où se trouvent les genres les plus

curieux, tels que les *Phallus*, *Clathrus* et *Batarrea*. Quant au premier, on pourra peut-être
un jour le partager en trois ou quatre autres, si
les espèces en sont plus multipliées, d'après la
surface et la forme du chapeau, qui est réticulé avec des cellules dans l'espèce ordinaire,
tuberculé ou couvert de papilles dans le Phallus caninus (*Cynophallus*), divisé en quatre
segmens qui se réunissent au sommet dans le
Phallus *mokusin* (1). Batarra (2) a décrit et
figuré un phalloïde qui a tout-à-fait la forme
d'une clavaire simple, sortant d'une bourse,
et dont l'*apex* est visqueux, mais lisse. Ce
singulier champignon, qui, dans le temps où
vivoit Batarra, a été découvert aux environs
de Rome, ne peut pas non plus rester dans le
genre Phallus.

---

(1) Ce champignon, indigène de la Chine, a beaucoup d'affinité avec le genre *Aseroe*, de M. de la Billardière, dont il est peut-être une espèce, et qui a, selon
l'auteur, le caractère suivant : Volva gelatinosa, sul-
cata. Stipes rubescens, teres, cavus, apice pervius, in
radios bifidos expansus. Aseroe *rubra*. Hab. in terra van
Diemen, in sylvis inter muscos ; Majo. *Billardière,
Voyage aux Terres-Australes*, p. 145.

(2) Fung. Agri Ariminens. Hist., p. 76, t. XI, f. F.

Notre espèce ordinaire, d'une forme bizarre, est assez connue : on en trouve pendant l'été, dans les bois, surtout dans le sol calcaire ; elle n'est pas très-rare, mais on sent souvent son odeur forte et désagréable, sans pouvoir toujours trouver l'individu même. En sortant de son volva, celui-ci, dit Bulliard, pag. 60 de son *Histoire des Champignons*, se crève avec un certain effort, et quelquefois avec une explosion presqu'aussi forte qu'un coup de pistolet ; il arrive même assez souvent que, si on a mis ce champignon dans un vase, dont il remplisse toute la capacité, et dans le fond duquel il y ait un peu d'eau, il brise ce vase quand sa bourse éclate, surtout pendant un temps chaud et sec.

Le Clathrus *cancellatus*, Linn., qui est le *ruber* Bull., t. 441, ne croît que dans les pays méridionaux de l'Europe. Il est également enveloppé dans un volva, et composé d'un grillage charnu, couleur rouge de feu ; il exhale aussi une odeur fétide. M. le docteur Thore rapporte dans son *Chloris du département des Landes*, p. 492, un fait singulier relativement à ce végétal : « Les habitans de nos campagnes, « dit-il, donnent à ce beau champignon le

« nom de Crancu (*cancer*), et s'imaginent,
« je ne sais pourquoi, que celui qui le touche
« gagne la maladie sous le nom de laquelle ils
« le désignent; conséquemment ils ont grand
« soin de le couvrir d'une forte couche de
« terre, toutes les fois qu'ils le rencontrent. »

Le *Batarrea* n'a été trouvé, jusqu'à présent, qu'en Angleterre; il a le port du Phallus, mais le chapeau est couvert d'une couche de poussière, qui, à son tour, est recouverte par une partie du volva en forme d'un calyptre. Il a, par cette circonstance, de l'affinité avec les vesses-loup; on n'en connoît qu'une espèce. (Voy. Sowerb. engl. Fung, t. 390.)

Dans la sous-division des *Carpoboli*, ou *Vésiculifères*, le genre qui se présente le plus communément est le *Nidularia* ou *Cyathus*. Le Nidularia *plumbea* (V. *vernicosa*, Bull., t. 488, f. 1), se trouve par terre, sur de petites branches, plus communément dans les jardins sur les planches qui servent de soutien aux plates-bandes. Il est presque glabre, grisâtre, intérieurement lisse, quelquefois zoné et d'une couleur plombée. On a fait plusieurs tentatives dans la vue de faire lever ces corpuscules lenticulaires, mais sans succès, parce que nous ne connoissons pas encore le secret de la propagation de ce champignon, que dans quelques pays on regarde avec une sorte de superstition.

Le Nidularia *crucibulum* (Nidulaire lisse, Bull., t. 488, f. 2) est d'un jaune sale, et ses bords ne se réfléchissent pas, comme dans l'espèce précédente ; il est aussi plus petit, et croît par groupes. On le rencontre dans les bois, sur des branches et des copeaux. Le Nidularia *striata* (Bull., t. 40, f. A.) est facile à connaître par ses sillons longitudinaux en dedans ; il est en outre très-velu, et d'un brun obscur. Cette espèce est plus tardive, et ne vient que sur de vieilles souches, dans les bois, et à l'ombre.

Le genre *Sphærobolus*, ou Lycoperdon *carpobolus*, Linn. (Sowerby Fung., t. 22) a toujours excité la curiosité des amateurs d'histoire naturelle, par la manière de projeter au loin ses capsules comme de petites bombes. Nous devons à Micheli, qui a bien figuré ce petit champignon (voy. *Gen. Plant.*, t. 101, f. 2), la première connoissance que nous en avons. Il est assez rare ; on le trouve sur des copeaux, mais principalement sur la sciure de bois dans laquelle il est enfoncé, et dont il a la couleur. En le gardant chez soi dans un endroit frais, on le verra continuer son petit manége. Les petites bombes sont enfermées d'abord dans un sac, et celui-ci dans un réceptacle ou péridium qui se divise au sommet en plusieurs dents, pour laisser passage au fruit, qui est solitaire et globuleux ; le petit sac qui enveloppe immédiatement le globule, se retourne avec élasticité, et jette ainsi la vésicule.

Le Thelebolus *stercorarius* de Tode (*Fung. Mecklenburg.*, t. 7, f. 56), n'en diffère que par la forme du réceptacle à bords entiers, et par celle du fruit, qui est saillant comme une papille ; il n'est pas non plus enfermé dans une poche particulière : au reste, ce genre, auquel on a mal à propos rapporté quelques Pézizes, n'est pas encore bien connu. On le trouve sur la fiente de vaches, de cochons, etc.

Mais nous avons des notions plus exactes sur un autre petit champignon qui, malgré son *habitat* ou lieu natal, ne laisse pas d'être fort curieux : c'est le Pilobolus *crystallinus* (Mucor *urcéolé*, Bull., t. 480, f. 1), il est commun, en automne, sur le crottin des chevaux, dans les bois et les pâturages. Sa première apparition est sous la forme d'une sphérie jaunâtre, qui prend ensuite celle d'une toupie ou utricule ventru et blanc, rempli d'un liquide transparent qui s'évapore communément en gouttelettes cristallines qui entourent ce réceptacle, sur lequel est placé, comme sur un pivot, une vésicule ou fruit hémisphéroïde, d'un brun noirâtre, lequel est jeté au loin avec beaucoup d'élasticité, quand la liqueur raréfiée par la chaleur étend la petite outre.

Dans la troisième division, j'ai aussi inséré le genre *Myrothecium*, seulement par rapport à son disque qui est tremelleux, et dans quelques espèces même fluxile (1). Dans leur premier développement, ces petits champignons ressemblent à des pelotons velus blanchâtres, qui, en s'ouvrant au milieu, prennent la forme des Pézizes, au point qu'il est facile de s'y méprendre. Néanmoins, les Myrothécies s'en distinguent essentiellement par le disque, qui est un amas de graines liées ensemble par une viscosité qui ne contient pas de capsules distinctes ; ils sont aussi dépourvus d'une cupule

(1) *Fluxilis*, d'une consistance molle et comme liquéfiée.

charnue, car la partie inférieure qui est velue, sert de réceptacle et il en a la forme.

L'espèce ordinaire est le Myrothecium *viride* (M. *inundatum*, Sturm, Champ. cah. 1, t. 3), dont le disque est d'un vert olivâtre : elle ne vient pas ailleurs que sur les Agarics secs, et particulièrement sur l'Agaricus *adustus*, ou *nigricans*, Bull., qui est la matrice de beaucoup de petits champignons parasites. J'ai trouvé une espèce nouvelle (M. *flavidum*) dans l'intérieur des enveloppes de châtaignes, et dont le disque est jaune.

Les *Tubercularia* sont arrondies en forme de petits boutons communément rougeâtres, d'une substance un peu compacte dans l'état sec, mais en partie soluble dans l'eau. Le Tubercularia *vulgaris*, ou Tremella *purpurea*, Linn. (Bull., t. 284), est d'un beau rouge, lisse et muni d'un pédicule qui est caché dans les branches du groseiller, où cette espèce croît principalement. Le Tubercularia *confluens*, au contraire, offre une large croûte composée de tubercules variés et très-rapprochés, dont la couleur est rouge-jaunâtre. Cette espèce naît sur l'écorce des arbres, dont il annonce le dépérissement.

Le genre *Fusarium*, Link (avec lequel on

peut combiner sans inconvénient le *Fusisporium* du même auteur), se distingue des *tuberculares*, dont il a la couleur, par sa forme moins régulière et plus charnue, et qui se dissout dans l'eau en corpuscules ou sporules linéaires, mais très-minces. Ces espèces habitent les tiges des plantes sèches. Au contraire, celles du genre *Fusidium* ne se trouvent que sur des feuilles sèches, où elles forment une croûte un peu laineuse, qui est aussi un amas de corpuscules linéaires. L'espèce la plus commune est le Fusidium *albidum* (*griseum*, Link?), que l'on trouve en automne sur les feuilles du châtaignier et du chêne. Le Fusidium *viride* est printannier et d'un beau verdâtre, il vient sur les feuilles du chêne, mais rarement. Le genre *Attractium*, Link, qui m'est inconnu, a le port d'un Stilbum ou d'un Mucor, et les graines des Fusaires. (Voy. Nées, *Système*, t. 1, f. 16, et t. 2, f. 26, 52 et 54.)

Dans le quatrième ordre, la division des *Lycoperdacés* comprend des champignons qui ont plus de dimension que ceux des autres familles ; ils sont aussi terrestres. On remarque d'abord un genre nouvellement créé, qui étoit autrefois confondu avec les *Scleroderma*. Je préférerois donner à ce genre la dénomination de *Polypera* : car le nom de *Pisolithus*, qui lui a été donné d'abord par MM. Albertini et Sweinitz, ensuite changé par M. Link en celui de *Pisocarpium*, et en dernier lieu celui de *Polysaccum* de M. Decandolle, sont des mots ou composés du grec et du latin, ou qui ne donnent pas une idée bien claire de la conformation de ce genre qui diffère du Scleroderma, dont il a le port et la consistance par son organisation intérieure, et où l'on observe, outre la poussière, une multitude de petites capsules ou péridies disposées comme des cellules remplies de filamens et de poussière.

On en connoît distinctement deux espèces; l'une est le Polypera *arenaria*, (Polysaccum *acaule*, Decand., *Flore Franç.*, Suppl. p.103; Micheli, *Gen. Pl.*, t. 99, f. 2). Il est globuleux et brunâtre, large de 2 à 3 pouces. Cette espèce a été découverte à Dax, dans les bois de pins, par M. le docteur Thore.

L'autre est le Polypera *clavata* (Pisocarpium *clavatum*, Nees, System., p. 137, t. 15, f. 151. Polysaccum *crassipes*, Decand.?). Celui-ci est d'un blanc cendré en dehors, et ses petits péridies sont sulfurins. Il a une forme oblongue; son stipe est sillonné : on le trouve dans les endroits sablonneux, ainsi que dans les bois de pins, en automne.

Le *Scleroderma* a un péridie dur et coriace, lisse ou raboteux, qui ne s'ouvre pas distinctement. Les graines y sont plus ramassées et d'une couleur pourpre ou brune, entrelacées de filamens peu nombreux : le Scleroderma *citrinum*, ou Lycoperdon aurantiacum Lin. Bull., t. 270, est commun sur les bords des bois, dans les ornières ; il est assez grand, et arrondi, d'un gris jaunâtre, quelquefois roux.

Le Scleroderma *cervinum* croît, comme les truffes, sous terre, principalement dans les forêts de sapins ; il est brunâtre, arrondi et chagriné, ou granuleux : la poussière est noire. Il n'a point de racines.

Il y a un beau genre dans cette famille, où la membrane extérieure du péridium, qui est considérée par quelques botanistes comme une sorte de volva, se partage en plusieurs segmens qui se recourbent en étoile ; c'est pourquoi on lui a donné le nom de *Geastrum*. Les vesse-loup étoilées croissent d'abord au-dessous de la superficie de la terre, et en sortent ensuite après des pluies ; elles sont toutes d'une couleur pâle ou brunâtre. Le Geastrum *hygrometricum* (Bull., t. 471), qui est la plus commune dans nos environs, présente cette singularité, que ses lanières se contractent et s'épanouissent suivant la sécheresse ou l'humidité de l'air.

On voit pendant l'été, après les pluies, sur les gazons et sur les pâturages, pousser des globes larges d'un pouce, lisses et blancs comme de la neige; c'est le Bovista *plumbea*, qui a aussi deux enveloppes : la première se détache et se perd souvent en entier vers la maturité du champignon, qui devient alors d'une couleur plombée ou d'ardoise, et qui, n'adhérant plus à la terre, est ballotté par les vents.

Le genre *Lycoperdon*, proprement dit, est le plus riche en espèces, celles-ci sont blanches et grisâtres, et couvertes d'écailles farineuses ou d'aiguillons. Deux d'entr'elles prennent une dimension souvent considérable. L'une est le Lycoperdon *bovista* (Lyc. *cœlatum*, Bull., t. 430), qui, pendant un temps pluvieux, en été et en automne, se propage dans la partie découverte des bois ou dans les pâturages, mais presque aussitôt détruit par les passans. Il est arrondi, retréci vers sa base, s'effile, et

tient à la terre par une touffe de fibres radicales. D'abord blanc, il devient cendré, un
peu jaunâtre en dedans, et sa superficie est
comme ciselée par de larges tubercules aplatis.

Le Lycoperdon *giganteum* (vesse-loup des
bouviers, Bull., t. 447) se rencontre dans les
mêmes lieux ; il est plus arrondi et presque
lisse ; sa couleur est d'un blanc tirant sur le
pâle, ou jaunâtre. La peau de son péridie se
déchire facilement par lambeaux, sans que
pour cela cette espèce appartienne au genre
Bovista. Ce champignon acquiert quelquefois
la grosseur de la tête d'un homme. Ces deux
espèces que nous venons de décrire, étant
jeunes, se mangent en Italie, au rapport de
M. Picot, comme les autres champignons comestibles. (Voy. aussi là-dessus Paulet, *Traité*,
p. 446.)

Les autres vesse-loup sont ordinairement
d'une grosseur beaucoup moins considérable,
et ont la forme et la grandeur d'une petite
poire. J'en désignerai quelques espèces qui sont
communes dans les bois, en automne. Le Lycoperdon *perlatum*, (Bull, t. fig. 475, méd.),
est d'un beau blanc, et hérissé d'aiguillons serrés et à base globuleuse. Le Lycop. *molle*, ou

Lyc. *pyriforme*, Bull., t. 24, est plus solitaire et moins grand. D'abord blanc, il devient pâle-fuligineux, et il est couvert de petites écailles presque furfuracées; étant mûr, il est très-flasque et mou. Le Lycop. *hirtum*, Bull., t. 340, paroît en être une variété plus grande, et qui a, surtout à son pédicule, des écailles longues et étroites.

On rencontre dans les hivers doux et au printemps, sur les murailles qui entourent les jardins et les champs, une jolie espèce de cette famille, et fort reconnoissable par son pédicule long et cylindrique, ainsi que par l'ouverture orbiculaire et cartilagineuse (sans déchirement) au sommet du péridie, qui est globuleux. On le connoît sous le nom de Tulostoma *brumale*, ou Lycoperdon *pedunculatum*, Linn. (Bull., t. 471, f. 2.) Une autre espèce de ce genre, qui a le pédicule couvert d'écailles (T. *squamosum*), croît en Italie et en Portugal.

L'Onygena *equina* (Obs. mycol., 2, p. 71, t. 6, f. 3), ou Lycoperd. *equinum*, Wilid., lui ressemble par le port et la couleur, mais il a la grosseur de quelques lignes seulement; sa poussière séminale est un peu compacte et dépourvue de filamens. Ce singulier petit champignon ne vient ordinairement que sur de vieux sabots de chevaux, et croît par peuplades ; il est d'un blanc pâle.

Le Mucor *mucedo*, Linn. (Bull., t. 400, f. 2), est assez connu, du moins à la vue, mais on le confond avec d'autres moisissures qui ne sont pas du même genre. Il naît sur les substances fermentescibles et sur les fruits, et même dans l'intérieur des noix sèches ; son pédicule est grêle et allongé ; son péridie est sphérique ; blanc et limpide au commencement, il devient opaque, et se noircit ; ses sporules sont verdâtres et transparentes. Le Mucor *caninus* couvre dans la saison pluvieuse la fiente de chiens d'un duvet bissoïde et blanc.

Bulliard a fait plusieurs expériences que l'on trouve consignées dans son ouvrage à la page 113-116, pour prouver que ce petit champignon se propage aussi bien que les autres plantes par des semences ; mais il résulte de ses observations un avantage utile pour l'économie domestique ; c'est que pour préserver les confitures de la moisissure, il faut les tenir dans des endroits secs, les faire bien cuire auparavant, et les priver autant que possible de leur humidité.

La *Moisissure des Herbiers* (Mucor *herba-riorum*), dont M. Link a fait avec raison un genre particulier sous le nom d'*Eurotium*, attaque les plantes mal desséchées ou gardées dans des endroits humides ; ses péridies sont persistans et nichés dans une croûte velue : ils ressemblent, pour la forme et la couleur, aux grains de millet; il y en a une variété blanche qui vient sur les grandes espèces de champignons conservés dans l'herbier. L'Eurotium *Epixylon* de M. Kunze croît sur le bois, il est brunâtre.

Dans la famille des *Trichiacées*, le genre *Physarum* a extérieurement un peu le port du Mucor; mais ces champignons sont d'une nature et d'une structure tout-à-fait différentes. Ils diffèrent aussi des autres Trichiacées par une consistance plus ferme, et leur capillitium reste toujours dans le péridie, où les filets sont tendus d'une paroi à l'autre. Les espèces sont diversement colorées : il y en a des blanches, ou d'un blanc-grisâtre, Physarum *nutans* (Sphærocorpus albus, Bull. , t. 470) ; des vertes, Physarum *viride* (Bull., t. 481, f. 1) ; d'un jaune-doré, Phys. *aureum ;* ceux-ci sont stipités, et leurs capsules sont hémisphériques. Le Physarum *cinereum* (Bull., t. 470, f. 2) est sessile et globuleux, ou ovale, et commun en automne et en hiver, sur les poutres pourries, où les individus très-serrés forment une croûte bleu-cendrée, ils sont remplis d'une poussière noire. En les examinant de près, on voit les péridies attachés au bois par de petits appendices membraneux, qui paroissent être le subiculum ainsi divisé. Si la poussière est dispersée, les péridies deviennent blancs, et je soupçonne que le Sphærocarpus *utricularis*, Bull., t.417, f. 1, ou Physarum *hyalinum*, Syn. p. 170, a été pris dans cet état pour une espèce distincte.

Le Physarum *bivalve* (Reticularia *sinuosa*, Bull., t. 446, f. 1) a une conformation particulière. Le péridie est composé de deux valves parallèles, qui se tiennent par un réseau filamenteux. Sa couleur est d'un blanc cendré ; on le trouve sur des feuilles, des mousses et des petites branches sèches.

Les espèces du *Craterium* sont également d'une consistance ferme, et ressemblent en petit aux Nidulaires, avec lesquelles on les avait réunies anciennement. Elles sont d'un brun clair, et naissent éparses et sans membrane subjacente, sur des feuilles et des tiges sèches. Elles ont, comme les Physarum, leurs filamens, qui sont blancs, attachés aux parois intérieures du péridie ; mais celui-ci est couvert d'une sorte d'opercule membraneux et blanc, qui s'ouvre horizontalement. Leur poussière est noire. L'espèce ordinaire, le Craterium *leucocephalum*, n'est pas rare en automne. (Voyez, pour les figures, *Sturm*, *Flore d'Allemagne*, Champ., cah. 1, fig. 10 et 11 ; et *Somerby*, *Engl. Fung.*, t. 239.)

Le Diderma *vernicosum*, que l'on pourroit ajouter aux Physarum, ou en faire un genre nouveau, est commun en automne, et s'attache à toutes sortes de corps ; on peut facilement le reconnoître par sa couleur jaune-marron, même dans son état de fluidité, où il pourroit se faire, comme le suppose M. Link, qu'il eût été décrit par Tode sous le nom de Mesenterica *lutea*; dans l'état adulte, il est d'une forme ovale, luisant et rempli d'une poussière noire, retenue par un réseau blanc, qui font ensemble une sorte de noyau.

Dans les Diderma *testaceum* et *difforme*, on remarque plus distinctement les deux membranes du peridium et la columelle globuleuse, qui forment le caractère de ce genre : le

premier est incarnat ou roussâtre, globuleux, et croît sur des feuilles mortes, quelquefois en grande quantité ; l'autre, blanc, et
ayant la membrane intérieure purpurescente,
est d'une forme variée ; il vient sur les tiges
sèches des plantes, principalement sur celles
des pommes de terre. On en trouve la figure
dans mes *Figures coloriées des Champignons,*
seconde livraison, pl. XII.

L'espèce la plus belle de ce genre est le Diderma *floriforme* (Bull., t. 371), dont le péridium est seulement d'une seule tunique qui
se partage, à la maturité, en plusieurs lanières
qui se réfléchissent comme celles des Geastrum ; mais elle a une columelle qui est grande
et obovale comme dans les autres espèces.

Le genre *Licea* a pour caractère les semences nues ou non traversées de filamens,
et les péridies arrondis, non posés sur une
membrane. Le Licea *circumscissa* (Bull.,
t. 417, f. 5), est jaune-brunâtre un peu déprimé, et s'ouvre comme une boîte à savon-
nette. On peut le trouver entre l'écorce et le
bois des troncs pourris du peuplier.

Les *Tubulines* sont aussi pourvus de filamens ; mais outre qu'ils ont une membrane

basilaire, leurs péridies, allongés comme des tuyaux, sont plus ou moins réunis ensemble. Le Tubulina *fragiformis* (Bull., t. 384), est, dans son premier état, d'un beau rouge de fraise ; mais il devient ensuite d'un brun de rouille : il croît sur le bois mort et humide, et il est assez rare.

Les espèces du genre *Trichia* sont presque toutes jaunâtres ou brunâtres, et dans leur jeunesse, où elles sont très-pulpeuses, d'un blanc de lait, excepté le Trichia *fallea* (Bull., t. 417, f. 5), qui à cette époque est d'un beau rouge. Les péridies sont très-fragiles, et se rompent au sommet par déchirement ; et alors le *capillitium*, attaché au fond des capsules, se répand au dehors avec élasticité.

Le Trichia *nitens*, ou Sphærocarpus chrysospermus (Bull., t. 417, f. 4), est sessile, sphérique, luisant, et d'un beau jaune ; les individus en sont très-serrés, et étant vides, ils ressemblent en petit aux alvéoles d'un rayon de miel.

Le Trichia *ovata* a ses péridies aussi très-rapprochés et nombreux ; ceux-ci sont ovales et d'un jaune mat. Le Trichia *pyriformis* (Bull., t. 417, f. 1) en diffère parce qu'il croît plus épars ; il est d'un jaune d'olive, un peu luisant, ayant un pédicule court, souvent noirâtre.

Dans le Trichia *rubiformis* (Disput. Meth., Fung., t. 4, f. 3), les péridies se rapprochent par touffes ; ils sont presque sessiles, ou ils ont un pédicule commun, qui paroît être une réunion de plusieurs. Cette espèce diffère aussi des autres par sa couleur rousse-brunâtre, ayant souvent un éclat métallique. Le Trichia *botrytis* (Icon. pictæ Fung., Fasc. 2, p. 27, t. 124), paroît en être une simple variété à tige très-allongée : peut-être est-ce l'effet d'un étiolement.

Les *Arcyria* ont leurs péridies stipités et en forme de petit calice, sur lequel est posée la chevelure ovaire ou cylindrique souvent très allongée. Toutes les espèces connues de ce genre sont d'une couleur différente : elle est rousse-safran dans l'Arcyria *punicea* (Bull., t. 502, f. 1), qui est la plus commune de toutes ; jaune dans l'Arcyria *flava* (Bull., t. 512, f. 3), dont le capillitium très-long se recourbe et se détache facilement du réceptacle. Les Arcyries *cendré* (Bull., t. 477, f. 2) et *incarnate* sont des espèces que l'on rencontre peu.

Le genre *Dictydium* a un péridie très-fugace
et un capillitium en forme de réseau qui en-
toure la poussière; par exemple le Dictydium
carneum, ou Mucor cancellatus, Batsch El-
Fung., t. 42, f. 252). Dans le *Cribraria*, la
partie inférieure du péridium reste en forme
d'une cupule, et la partie supérieure est ou fugace, ou criblée en réseau. Le Cribraria *argil-*
lacea, couleur de terre, est l'espèce la plus
commune, sans être cependant très-connu; ensuite le Cribraria *rufescen*s (Disp. Met. Fung.,
t. 1, f. 5), qui est roux, et qui a un long pédicule.

On reconnoît facilement les *Stemonitis* par
l'axe ou prolongement du stipes qui traverse
le réseau ; leur enveloppe est très-mince et
fugace. Le Stemonitis *typhina* (Bull., t. 477,
f. 2) croît épars, et le Stemonitis *fasciculata*
(Bull., t. 477, f. 1), qui est plus grand, vient
par touffes, aussi sur des troncs. Ils sont blancs
dans leur jeunesse, et très-mous, puis d'un
pourpre brun en vieillissant. Le Stemonitis *leu-*
costyla (Bull., t. 502, f. 2) est l'espèce la plus
jolie, mais elle s'éloigne du genre ; elle a
un pédicelle épais et blanc, et la petite massue
est d'un violet noirâtre et assez compacte.

Dans le genre *Lycogala*, qui contient peu

d'espèces, mais dont la dimension s'agrandit jusqu'à un petit vesse-loup, le péridium, qui est arrondi et lisse, contient d'abord une masse pulpeuse qui se change ensuite en une poussière abondante entre-mêlée de peu de filets attachés au fond de leur enveloppe.

Le Lycogala *miniata* ou Lycoperdon *epidendrum*, Linn. (Bull., t. 5o3), est une jolie espèce avant sa pleine maturité, elle est alors d'une couleur rouge ou de cinabre qui se change ensuite en gris-brun; mais la poussière, qui est fine comme de la farine, conserve une couleur d'un rose-lilas. La grosseur de ce champignon est celle d'un pois. On le trouve par groupes serrés sur les bois pourris, en automne. Le Lyc. *argentea* (B., t. 466, f. 1 et 2) est d'un blanc-argenté, fragile, large d'un pouce, et accollé avec une base plane au bois. On le remarque déjà de bonne heure sur des poutres, de vieilles portes de jardins, et plus souvent sur les vieux saules, mais toujours solitaire. Il est aqueux au commencement.

Le Spumaria *mucilago* (Bull., t. 126) qui est grand, se fait connoître facilement. Il commence par être mou, ressemblant à de l'écume ou de la salive, et s'attache aux corps qui l'en-

(150)

vironnent ; ayant reçu de la consistance, cette écorce devient celluleuse, friable et furfuracée ; dans l'intérieur on aperçoit les péridies qui sont un peu aplatis, divisés à peu près en branches de corail, et qui renferment une poussière noirâtre.

Dans le genre *Fuligo* (1), au contraire, cette écorce traverse la masse de poussière en divers sens, en formant des cellules ; le *Fuligo flava* (Reticularia lutea, Bull., t. 380), est l'espèce la plus vulgaire. D'abord fluide comme le jaune d'œuf, il se réduit étant sec et mûr, en une poussière comme de la suie. On le trouve sur les branches et les feuilles sèches.

―――――――――――

(1) M. Link voudroit rejeter ce mot et y substituer celui d'*Æthalium*, parce que *Fuligo* signifie dans l'acception commune toute autre chose (*la suie*), mais indépendamment que ce nom générique fut d'abord donné par Haller à cette fungosité, et depuis adopté par plusieurs botanistes, on pourroit citer beaucoup de mots en usage d'après une ressemblance souvent très-éloignée ; mais pour nous borner seulement à l'histoire naturelle, on sait que dans la Conchyliologie, une grande partie des noms génériques, tels que Conus, Arca, Vénus, sont ceux auxquels on attache vulgairement une idée bien différente.

Une autre espèce qui lui ressemble un peu par la couleur, mais qui est deux ou trois fois plus grande et déprimée, est le *Fuligo vaporaria*, ou Mucor *septicus*, Linn. (Bull., t. 424, f. 2 ?), qui croît sur le tan dans les serres chaudes, en forme de gâteaux, et vulgairement connu sous le nom de *Fleur de tan*.

Le genre *Strongylium* paroît faire le passage à la division des Trichodermacées; leur tégument, du moins dans mon Trichoderma *fuliginoides*, qui semble être différent du Strongylium *fuliginoides* de M. Ditmar, qui le premier a établi ce nouveau genre dans le *Journal de Botanique de M. Schrader*, 1809, p. 55, t. 2, est aussi d'un tissu tomenteux; mais ces champignons ont plus d'affinité avec les Trichiacées, étant mous dans leur premier développement, et ayant dans l'intérieur un capillitium attaché à la base, dont les filets sont rameux. Le caractère le plus marquant par lequel ce genre diffère du Lycogala, consiste en ce que ses sporules sont cylindriques.

Rien de si commun dans les bois aux environs de Paris, que le Trichoderma *nemorosum*. Dans l'été, et après des pluies, on voit paroître sur la terre nue une villosité blanchâtre, qui, dans l'intérieur, conserve une poussière d'un clair-cendré. Cette espèce, large d'un demi-pouce ou plus, est peut-être une variété du Trichod. *laeve*, Syn. Fung., p. 253, qui croît aussi dans les bois, en Allemagne, mais dont la poussière est jaunâtre.

Les autres espèces de ce genre se propagent sur les troncs, sur l'écorce, etc. Parmi celles-ci se trouvent le Trichoderma *roseum*, ou couleur de rose ; le Trichod. *aureum*, qui est d'un beau jaune doré, et croît sur le bois carié, mais plus souvent sur les vieux Bolets coriaces ; le Trichod. *viride* a la poussière verte et entourée d'un duvet mince de la même couleur ; dans le Trichod. *aeruginosum* (Mucor *lignifragus*, Bull., t. 504, f. 4), la poussière est un peu compacte et d'un vert clair, mais l'enveloppe est blanche et lisse ; cette espèce se voit sur les troncs morts des noyers, quelquefois sur ceux du bouleau blanc, où elle forme de larges plaques confluentes.

L'Asterosperma *agaricoides*, qui est l'Agaricus *lycoperdoides*, Bull., t. 516, est un petit champignon bien singulier : il est parasite sur des individus secs des Agaricus *adustus* et *fusipes*, sur lesquels il se fait reconnoître de loin comme des boutons blancs. Il a le port d'un petit Agaric ; son pédicule est petit en comparaison de son capitule, qui est épais et large de quelques lignes, jusqu'à un demi-pouce. A peine ce champignon s'est développé, que la partie supérieure du chapeau devient fauve et se réduit en poussière. Si on la soumet au microscope, on voit des graines anguleuses ou en forme d'étoiles. Or, ces sporules appartiennent-elles à un autre champignon mycogène, comme est le champignon dont nous parlerons ci-après, ou sont-elles produites par notre Agaricus lycoperdoides ? Et dans ce cas, on peut demander pourquoi ce champignon a le port d'un Agaric, contre l'analogie des autres de cette section, et à quoi lui servent les lamelles, qu'à la vérité on dit être stériles. M. Ditmar, qui le premier a le mieux examiné cette production, en a donné une bonne figure et une description détaillée, soit dans le *Journal de Botanique de M. Schrader*, vol. 3, p. 56, f. 2, soit dans les *Champignons d'Allemagne de M. Sturm*, cah. 2, t. 26.

Le Mycobanche *chrysosperma*, qui est le Mucor *chrysospermus* de Bulliard, t. 504, et l'Uredo *mycophila*, Syn. Fung., p. 214, ainsi que le *Sepedonium*, Link, ressemble à ce champignon dont nous venons de parler. Il attaque les Bolets charnus, et préférablement le Boletus *subtomentosus*, L. (Bull., t. 490, f. 1), qui devient alors languissant et humide, s'enveloppe d'un *tomentum* blanc, en exhalant une odeur désagréable. Bientôt après on le voit, surtout dans l'intérieur de son chapeau, réduit en une poussière abondante, d'une belle couleur dorée et sans filets. M. Paulet, dans son *Traité*, p. 591, a fait de ce Bolet malade une espèce distincte sous le nom de *cèpe soufré*, comme feu M. Bulliard et moi, nous avions fait du précédent champignon une espèce d'Agaric.

Le peu d'espèces du genre *Melaconium* s'offre comme un amas de graines noires sans couverture tomenteuse, et qui se développent d'abord sous l'écorce des bois. Elles diffèrent des *Stilbospores*, parce que ces graines ne sont pas des utricules (*thecæ*) qui renferment d'autres sporules, et elles ne sont point agglutinées ensemble par une viscosité. Le Mélaconium *arundinis* (Stilbospora *sphærosperma*, Syn. Fung.) n'est pas rare sur les chaumes secs des

(155)

roseaux, sur lesquels la poussière noire se répand par une fissure. Les sporules en sont globuleuses.

Je désignerai ici seulement quelques-unes
des *Urédinées* les plus frappantes, car il n'y
a presque pas d'arbres, d'arbrisseaux et de
plantes herbacées de nos climats dont les feuilles ne soient attaquées par ces parasites.

L'espèce qui nous intéresse le plus à connoître, à cause du dégât qu'elle fait aux céréales, est celle que l'on désigne sous les noms
de *charbon* ou *nielle* (Bulliard, t. 472, f. 2).
ainsi nommée pour la grande quantité de ses
graines noires qui ressemblent à du charbon
réduit en poudre. Elle attaque les épis, surtout ceux de l'avoine, de l'orge et du maïs.

Les lignes jaunes sur les feuilles du froment,
et quelques autres graminées, appartiennent
aux Uredo *linearis* ou *rouille*. Une autre espèce très-commune est l'Uredo *rubi,* car, pendant l'été, les feuilles de ronce (*rubus*) en sont
couvertes comme d'une poussière jaune. Celle
qui vient sur le rosier à cent feuilles (Uredo
rosæ), a ses graines plus serrées en de petits
tubercules. L'Uredo *confluent* (Uredo *con-*
fluens, Syn. Fung., p. 214), attaque, au

printemps, les feuilles de la mercuriale vivace; c'est une des plus grandes, parce que la poussière, qui est d'un beau jaune, se réunit à peu près en petits cercles larges quelquefois d'un demi-pouce.

Il y a des Uredos qui sont tout blancs, tels l'Uredo *candida*, qui croît préférablement sur des feuilles des crucifères ; l'Uredo *thlaspeos* défigure les tiges de *Bourse à pasteur*, où il forme de longues plaques blanches, dans lesquelles se produit presque toujours le Botrytis *parasitica*, Obs. Mycol., p. 96, t. 5, f. 6.

D'autres ont une couleur brune, par exemple l'espèce qui vient sur les feuilles de betteraves, de l'oseille, etc. La poussière d'un brun noir de l'Uredo *scutellata* est entourée d'un faux péridium en forme d'écusson. Cette espèce est printannière et naît sur les feuilles d'euphorbe petit-cyprès.

Dans le genre *Æcidium*, la poussière est renfermée dans un peridium qui a la forme d'une petite cupule dont le bord est divisé en plusieurs dents. L'Æcidium *cancellatum* se développe sur les feuilles des poiriers, rarement des pommiers : on y voit paroître d'abord comme un tubercule, qui ensuite est percé par le péridie divisé en cils réunis en haut, et rempli de graines brunâtres ; mais ces lanières sont libres et divergentes dans l'Æcidium *cratægi* et ses variétés. L'Æcidium *cornutum* se fait distinguer facilement par ses cornets grisâtres ; on le trouve sur les feuilles des sorbiers et des alouchiers.

Dans les autres espèces de ce genre, ces péridies sont plus réguliers et ne s'élèvent guère au-dessus des feuilles. L'Æcidium *rumicis* a pour base une tache rouge, dans laquelle résident ses péridies agglomérés, qui sont blancs ; les feuilles de groseiller épineux sont aussi souvent attaquées par le même champignon ou une de ses variétés.

L'espèce la plus commune de toutes est l'Æcidium *euphorbiæ*, qui est jaune, ayant des péridies épars à dents larges et réfléchies. Il se propage, au printemps, sur l'Euphorbia *cyparissias*, qui, par la présence de cet hôte incommode, devient ordinairement stérile ; de sorte que les anciens botanistes avoient fait de ces individus languissans une espèce, sous la dénomination d'*Euphorbia degener punctis croceis*.

Pour distinguer les espèces du *Puccinia*, qui ont souvent l'aspect des *Uredo*, il est né-

cessaire de se servir d'un microscope composé, car les sporules (*capsulæ*, *sporangia*)
sont une ou plusieurs fois cloisonnées et pour-
vues d'un appendice filiforme (*cauda*), par
lequel elles s'insinuent et s'attachent assez fortement aux feuilles ou aux tiges des plantes.
Ces sporules sont quelquefois arrondies, souvent cylindriques, plus communément turbi-
nées ; elles sont presque toutes brunâtres ou
noires.

Le Puccinia *graminis*, qui trace de longues
lignes sur des feuilles des céréales, a cette dernière couleur. Les feuilles du rosier, et surtout celles de la ronce, sont aussi souvent à la
surface inférieure presque noires, par la présence du Puccinia *mucronata*, v. *Rosæ* et *Rubi*,
qui a une forme cylindrique, et qui est divisé
en trois cloisons, avec l'appendice en forme
de pédicelle. On en a fait un genre particulier, *Aregma*.

M. Decandolle a fait, d'après des remarques
inédites de feu M. Hedwig fils, un genre particulier du Puccinia *juniperi*, sous le nom de
Gymnosporangium, divisé en deux autres
genres par M. Link, j'ai donné à l'un d'eux
la préférence comme nom générique (*Podisoma*). Cependant, c'étoit la première espèce sur

laquelle Micheli avoit fondé son genre *Pucci-*
nia. Elle a d'abord la couleur brune et la
même manière de croître que les autres *Puc-*
cinia, si ce n'est qu'elle croît sur des branches d'arbres encore vivantes ; mais les
sporules ou capsules, qui ont aussi la même
forme que celle des autres espèces, étant dispersées, on voit paroître à la place une autre
production qui a le port d'une Clavaire et la
substance d'une Tremelle ; elle a été, jointe
à une autre espèce voisine, Tremella *junipe-*
rina et *clavariæformis*, rapportée par Linnée et d'autres botanistes, à ce dernier genre,
elle est maintenant considérée comme la
base ou réceptacle des capsules cloisonnées.
Cette singulière métamorphose, si elle en est
une, mérite d'être encore mieux étudiée : car
la fungosité chargée de capsules a sa période
d'accroissement, et sa base tremelleuse a aussi
la sienne. J'observerai encore que le Puccinia
mucronata croît aussi presque toujours sur
l'Uredo *rosæ*, qui est une plante différente.

Le cinquième ordre des champignons, ou
les *Scleromyci*, essentiellement différent de
celui que nous venons de traiter, contient cependant des genres qui, dans leur structure

intérieure , n'ont pas beaucoup d'ensemble entre eux, ce qui légitime leur séparation en deux sections. La première sera les *Tubéracées*, qui comprend les *Tuber, Rhizoctomum, Sclerotium, Xyloglossum, Erysiphe.* Dans la seconde se trouvent les *Xyloma, Polystigma, Phacidium* et *Hysterium.*

Les *Truffes* seront mentionnées ailleurs. Quant à leur caractere générique, on sait que l'intérieur ne se convertit jamais en une poussière, mais qu'il est marbré et veiné, et contient entre les veines des sporules pellucides, avec un pédicelle court.

Le genre *Rhizoctomus*, nouvellement établi par M. Decandolle (*Flor. franç.*, Supp.), est intermédiaire quant à sa nature, entre les *Tuber* et les *Sclerotium;* ces espèces croissent dans la terre comme les Truffes; mais elles sont de véritables parasites, et par conséquent très-nuisibles. Ce sont des tubercules charnus, irrégulièrement arrondis, desquels sortent en tous sens des filamens raméfiés, par lesquels ces champignons attaquent les racines des plantes, qu'ils épuisent et font périr.

Une espèce ou le *Rhizos. crocorum*, Dec.

(Tuber *parasiticum*, Bull., t.456), étoit déjà connue depuis long-temps des naturalistes et des cultivateurs par le dégât qu'elle fait aux ognons du safran, où elle s'attache d'abord aux enveloppes membraneuses de la bulbe, par des suçoirs charnus situés aux extrémités de ses fibres radicales; du lieu de l'insertion de ces suçoirs, partent des fibrilles très-déliées, d'un rouge violet, destinées à former de nouveaux individus. Des enveloppes elle pénètre dans l'intérieur de la bulbe qu'elle fait périr et réduit en squelette; *Bull.*

Le Rhiz. *Medicaginis* est d'une belle couleur pourpre, ses filets sont très-longs et ramifiés, et souvent entrecroisés les uns sur les autres. Cette espèce s'attache aux racines de la *luzerne cultivée*, qui sont quelquefois entièrement couvertes de ces tubercules; alors les plantes se fanent et se sèchent entièrement; c'est ce qui forme ces espaces vides qu'on remarque quelquefois dans les *luzernières*, et que les agriculteurs désignent en disant que leur luzerne est couronnée; *Dec.*

Le genre *Erysiphe* était d'abord réuni par Linnaeus aux *Mucor*, et ensuite par d'autres aux *Scléroties*; il présente aussi des tubercules, mais arrondis et fort petits, qui sont auparavant brunâtres et puis noirs, nichés dans un duvet blanc sur des feuilles de plantes qu'il rend malades. Cette production est connue sous le nom *de blanc.* On voit souvent les feuilles du rosier, du pommier et surtout de l'ulmaire (*Spiraea Ulmaria*) comme saupoudrées de farine mais sans petits globules ; ce blanc n'est pas si filamenteux, que dans les autres espèces; appartient-il donc à une autre sorte de production, et n'est-il pas plutôt une véritable maladie des plantes, comme le pensent les jardiniers ?

Les *Sclérotium,* différens dans la forme et l'habitat, ont seulement dans leur intérieur une masse charnue ou coriace sans aucune trace de veines ni même de graines. Ce genre comprend beaucoup d'espèces dont quelques-unes sont aussi parasites sur les racines de mousses (Scle. *Muscorum*), et de quelques légumineuses, par exemple, des pois, des vesses (Scler. *rhizogonum*), sans cependant beaucoup nuire à ces végétaux ; d'autres servent de base comme une racine secondaire, à d'autres champignons : des Pezizes, Clavaires et Agarics, (Scler. *Fungorum,* voyez Agaricus *tuberosus,* Bull. t. 256.) La majeure partie vient sur des

tiges mortes et des feuilles de plantes (Scler. *po-
pulneum*), ou dans l'intérieur des Agarics secs
ou en corruption (Scler. *cornutum*); quelques - unes même dans la fiente des animaux
(Scler. *stercorarium* Dec.)

Une des grandes espèces de ce genre est le
Sclerotium *varium*, Synop. Fung. pag. 122,
dont le Scler. *Brassicæ* paraît être une variété. Il se produit dans nos caves sur les ca-
rottes et les choux conservés pendant l'hiver ;
il est large d'un pouce et de forme variée,
blanchâtre au commencement et ensuite noir.
Le Sclerot. *Semen* qui est globuleux, brun et
plus charnu, vient sur les tiges des plantes
herbacées et même entre les feuilles du chou,
et comme ces globules ressemblent aux semences de ce légume, ils ont été pris par les
anciens botanistes, pour les véritables graines du chou. Le Sclérot. *durum* se fait connoître facilement par sa forme oblongue ou
ovale, sa consistance dure et sa couleur noire
sur des branches sèches et brunâtres des
plantes.

Quoique les Clavaria *herbarum* et Clav.
sclerotioides, Decand. suppl. p. 29, aient le
port des champignons du dixième ordre, ils
n'ont cependant pas de membrane fructifère ou

hymenium, et ne sont pourvus à l'extérieur de graines comme le sont les clavaires ; ils sont au contraire de la nature des scléroties, et doivent y être rapportés. mais sous un genre particulier (*Xyloglossum*).

Il n'y a pas un amateur de botanique qui n'ait observé sur les feuilles des érables, des sycomores et des saules ou d'autres arbres, des taches noires ; eh bien ! ce sont aussi des champignons dont le nom générique est *Xyloma*. Il y en a beaucoup d'espèces qui paroissent à la fin de l'été ; la plus commune est le Xyloma *acerinum* (Mucor, Bull. t. 504. t. 15.) sur les feuilles de sycomore et d'érable champêtre, ensuite le Xyl. *salicinum*, sur celles du saule marceau, cette espèce est la plus grande de toutes et la plus épaisse, ayant intérieurement une base blanche.

Une autre espèce très-vulgaire se développe sur des feuilles sèches du chêne et du hêtre, tombées à terre ; elle s'ouvre régulièrement et prend la forme d'une cupule avec des dents larges à son bord, qui étoient auparavant la partie supérieure de l'écorce. M. Fries, dans ses *Observationes Mycologicae*, p. 167, a fait de ce Xyl. pézizoïde, un genre particulier sous le nom du *Phacidium*.

(145)

On remarque aussi souvent sur les feuilles du prunellier, moins communément sur celles des pruniers, des taches rouges, larges de plusieurs lignes, et sur celles du padus ou mérisier à grappes, qui sont très-ponctuées et d'un jaune doré: l'une est le Polystigma *rubrum,* qui étoit autrefois une espèce du genre Xyloma; et l'autre le Polystigma *fulvum,* avec beaucoup de ponctuations en dessus. Ces champignons restent toujours fermés et portent dans leur intérieur des utricules remplies de graines, en quoi ils diffèrent des Scléroties, mais ces utricules ne sont pas entourées d'une capsule ou périthécie comme dans les sphéries auxquelles ils ont été dernièrement rapportés par quelques botanistes.

Le genre *Hysterium* est facile à reconnoître par sa forme oblongue ou ovale, et surtout par un sillon au milieu de sa capsule; les espèces en sont petites et noires, elles n'ont pas pour base une croûte, et ne croissent que sur les bois morts ou sur des branches, et quelquefois sur des feuilles sèches; par cette raison, ainsi que par leur consistance roide, elles se distinguent des opégraphes qui appartiennent à la famille des lichens.

Le Hystérium *pulicare* qui naît sur les troncs d'arbres, mais alors sur une partie du

bois qui est sèche, a des stries longitudinales
qui le distinguent facilement des autres espèces. Le Hyst. *quercinum* (Bull. t. 432. f. 2),
le plus vulgaire de tous, occupe les branches
menues du chêne, où il forme de longs sillons, après les avoir minées comme des vers
qui vivent sous l'écorce; dans ce premier
état il est d'un pâle grisâtre et clos, étant
mûr il devient noir et se divise en deux valves. Le Hyst. *mytilinum*, que l'on trouve sur
des bois de pins ou sapins, est l'espèce la plus
curieuse et ressemble à une moule en minia-
ture.

Enfin, le sixième et dernier ordre de
champignons renferme les *Xylomyci*, dont le
principal caractère est d'avoir des capsules
(*spœhrula, perithecium*) distinctes, assez dures
ou roides, et ordinairement noires, qui contiennent une masse gélatineuse fluxile, composée d'utricules et de sporules.

Cette gélatine sort, dans le genre *Nœmas-*
pora, des capsules qui sont cachées sous l'é-
piderme des branches en fils tortillés, très-
longs. Il y en a des blancs et des orangés;
l'espèce de cette dernière couleur est le
Nœmaspora *chrysosperma* ou Sphœria *cirrata*,

Sowerly, Fung. t. 157, que l'on trouve sur des branches sèches du peuplier noir ou d'Italie. Le Næmas. *crocea* que l'on trouve plus fréquemment sur les bûches des hêtres d'où il sort comme de la gomme ou de la résine, et même regardé comme telle par quelques naturalistes, n'a pas une capsule distincte.

Dans ce cas sont aussi les *Stilbospores* qui se répandent sur l'écorce de différens arbres comme une matière noire, compacte et qui ne s'attache pas aux doigts, laquelle, vue au microscope, fait apercevoir des corpuscules ovales. cylindriques ou en étoile, souvent cloisonnés; et c'est d'après les différentes formes de ces capsules, que les noms spécifiques de ce genre, qui vraisemblablement ne sera jamais très-étendu en espèces, sont faits. On voit quelquefois sous l'écorce d'où sort cette masse, une sorte de noyau qui est ou une modification du stroma ou des sphérules oblitérées.

Nous avons donné une exposition de plusieurs sous-genres des *Sphæria*, par lesquels nous terminerons cette partie historique des champignons, en faisant mention de quelques espèces de ces différentes tribus.

Parmi les *Phyllosticta* qui croissent sur les

feuilles encore attachées aux plantes, où ils forment des taches souvent arrondies et circonscrites d'un bord brun ou noir, dans le milieu desquelles se remarquent des points noirs ou de petits sphérules. L'espèce la plus jolie est le Phyl. *convallariæ* (Sphaeria Licheniodes, var. *convallariæcola*. Decand. *Supplém.* p. 148), dont les taches sont d'un blanc pâle entourées d'un bord roux ; le Phyll. *Vincetoxcici* ou Sph. Lich. *asclepiadicola*, Dec. en est très-voisin, mais les taches sont plus petites et le bord d'un brun noir. Dans le Phyll. *Succisæ*, la partie blanche est très-étroite et portant seulement un ou deux points, le bord en est très-large et roux brun. Cette espèce croît sur les feuilles du scabiosa succisa, qui en sont quelquefois entièrement chargées. Rien de si commun en automne que le Phyll. *populinum*, sur des feuilles prêtes à tomber du peuplier d'Italie, il diffère des autres parce qu'il n'a pas de bords sensibles. Le Phyll. *limbalis* (Sphaer. Lich. *buxicola*; Dec.), est facile à reconnaître par ses taches d'un beau blanc, grandes et oblongues, qui paraissent sur le bord des feuilles du buis, à l'ombre dans les bois ; ses points sont seulement visibles à la surface inférieure de la feuille.

Le Sphæria *punctiformis* est aussi très-commun sur les feuilles mortes du chêne-rouvre et du châtaignier, qui en sont parsemées comme des points noirs, mais sans taches ou décoloration. Dans le Sphæria *maculiformis*, qui en est peut-être une variété, les sphérules sont agglomérées entre les veines des feuilles, comme de petites taches noires, irrégulières, sans bord. Le Sphær. *setacea* croît aussi sur les feuilles sèches de chêne, et même sur les nervures et pétioles, mais très-épars, et seulement reconnoissable à la loupe, où on aperçoit seulement l'ostiole de la capsule en forme de soie qui est niché dans le parenchyme de la feuille. Les sphérules, au contraire dans le Sph. *tubæformis*, soulèvent l'épiderme de la feuille de l'aune glutineux en une protubérance ; l'ostiole de cette espèce est roussâtre, et paroît être formé par une pulpe contenue dans les capsules.

Parmi ces espèces simples, une des plus vulgaires est le Sph. *herbarum*, qui croît sur les tiges sèches des grandes plantes herbacées. Il s'en trouve deux variétés : l'une, qui vient sur l'épiderme des tiges, a ses sphérules orbiculaires un peu luisantes, et ordinairement déprimées, avec un petit mamelon au milieu :

(150)

l'autre variété (Sph. herb. v. *tecta*) croît sous l'épiderme, qu'il perfore comme des points noirs. Le Sph. *acuta*, qui préfère particuliè-rement pour le lieu de son développement, le bas des tiges desséchées de la grande ortie (qui, dans cet état, nourrit plusieurs autres petits champignons) diffère seulement de l'espèce précédente par son bec allongé et très-pointu. Le Sph. *patella*, en forme de cupule, et le Sph. *doliolum*, qui a des plis circulaires (sur les tiges d'*angélique*) ont aussi beaucoup d'af-finité avec le Sph. herbarum.

Dans le sous-genre *Epistroma* se trouvent deux espèces d'une couleur assez agréable. Le Sph. *coccinea* est lisse, et le Sph. *cinnabarina* (S. *decolorans*, Syn. Fung.) est un peu tuber-culeux, et devient d'une couleur mate pâle. Le Sph. *cupularis*, qui est noir et lisse, et s'évase ordinairement en forme de cupule, n'est pas rare sur les branches sèches du tilleul.

Dans la section de ce genre, où les sphé-rules sont groupées orbiculairement, mais leurs ostioles rapprochés autour d'un axe, aucune espèce ne se fait connoître plus facilement que le Sphæria *pulchella*, il est assez commun sous l'écorce du cerisier mort ; ses sphérules ne sont couvertes d'aucun tégument commun , les ex-

(151)

térieures sont presque couchées à plat, et ont un tube long et flexueux.

Dans le Sphæria *fimbriata*, var. *Carpini.*, qui présente des taches noires de deux lignes, sur les feuilles encore vertes du charme, les sphérules sont cachées sous l'épiderme, qu'elles soulèvent cependant en tubercule, et le traversent par un long bec un peu épais vers le sommet, et qui est entouré à sa base de franges blanches.

L'espèce la plus commune de cette section est le Sph. *salicina*, qui se produit presque sur toutes les branches desséchées du saule blanc, sur lesquelles il forme des pustules pâles, brunâtres, et un peu farineuses, percées de quelques cavités un peu noires, par les ostioles des capsules qui sont cachées dans le tissu de l'écorce.

Les Sphéries sessiles, dont les capsules entourent le stroma, et qui sont, par cette circonstance, cohérentes entre elles, ne sont pas aussi nombreux que ceux de la section suivante ; ils ont aussi souvent une autre couleur que la noire, qui est prédominante dans ce genre. Ils croissent assez ordinairement sur le bois, et non sur l'écorce.

Le Sph. *fragiformis*, (Bull., t. 495, f. 2.) qui,

ainsi que les deux suivants, de cette division, est globuleux, couleur de brique, lisse et comme tomenteux dans sa jeunesse ; la substance en est compacte et noire comme du charbon.

Le Sph. *rubiformis* (Hypoxyl. granulosum, Bull., t. 487 f. 1 ?) est la moitié plus grand et ses sphérules sont éminentes comme la baie de ronce, dont il a aussi la couleur.

Le Sph. *melogramma* (Bull., t. 492, f. 1.) est orbiculaire, un peu déprimé, à surface inégale, et d'un noir bistre, large à peu près de deux lignes. Cette espèce, une des plus communes, se fait connoître facilement par la manière de croître par séries longitudinales, les individus étant placés les uns à la suite des autres.

Le Sph. *typhina* est d'un jaune pâle, d'abord presque blanchâtre et lisse, un peu mou ; il a cette singularité, c'est de ne croître que sur le chaume des gramens encore vivans, mais qui en deviennent stériles. On seroit tenté de regarder cette cryptogame comme une production d'insectes, si elle n'étoit pas pourvue de capsules qui sont très-rapprochées l'une de l'autre, mais sans un stroma bien distinct.

Une espèce très-vulgaire de la division des

(153)

Monosticha, est le Sphæria *Stigma* (Bull.
t. 468, f. 2), et qui croît sur les branches
mortes, dans les haies ou ailleurs. Elle s'étend
en plaques longues de quelques pouces : avant
sa maturité elle est grisâtre et lisse ; mais quand
ses capsules sont formées, elle devient d'un
mat noir, et comme pointée par l'orifice de
ces mêmes capsules nichées dans le parenchyme du stroma. Le Sph. *nummulariæ* ou
Hypoxylon nummularium, Bull. t. 468, f. 4.,
lui ressemble beaucoup, mais il affecte ordinairement une forme orbiculaire comme un
bouton, et est entouré de l'écorce de l'arbre.

L'espèce la plus grande ou du moins la plus
épaisse de cette division est le Sph. *deusta*,
(Bull., t. 487, t. 1), qui habite les vieilles
souches à moitié pourries. Dans son premier
développement qui a lieu au printemps, il
est d'une consistance un peu charnue et couvert d'une poussière blanche-grisâtre qui se
perd à l'époque de la maturité dans le courant de l'été : alors ce champignon devient
noir, friable et boursoufflé.

Le Peziza *punctata* Lin. (Bull., t. 252),
a un port anomale des autres sphéries auxquelles il a été réuni sous le nom de Sph. *poronia* et Sph. *punctata* ; Sowerby, t. 54,

Ce champignon, Poronia *fimetaria*, est coriace et en forme de soucoupe, avec un pédicule noir ; son disque, large de quelques lignes, est blanc, parsemé de points noirs qui sont les orifices de petites loges remplies d'une pulpe. Cette espèce vient par peuplade au printemps ou à l'automne, sur les crottins des chevaux, des ânes, ou sur la bouse de vache.

Il y a d'autres espèces d'un aspect encore différent, et que l'on avoit rangées parmi les clavaires à cause de leur forme allongée. Le Sphæria *hypoxylon* (Clavaria cornuta, Bull., t. 180), se propage sur les vieux troncs ou à la base des pieux. Ce champignou est noir, très-rameux, à branches comprimées et saupoudrées d'une poussière farineuse qui se perd dans les individus adultes, et alors on remarque, sous la superficie de la tige, des loges très-distinctes. Le Sph. *digitata* (Bull., t. 220), a, dès sa jeunesse, les sommités terminées en pointe qui sont moins blanches ; il est cylindrique, d'un gris ou d'un brun noirâtre et glabre partout. Cette espèce préfère pour sa propagation les habitations et les jardins, dans des endroits humides, tandis que le Sph. *polymorpha* (Observat. mycolog. 2, t. 2, f. 2, 4 et 5), qui pourroit bien en être une sous-espèce, croît à l'ombre des bois ; il est aussi élargi au sommet qui est tout entouré de sphérules.

Ces trois espèces dont nous venons de parler habitent les troncs ou les bois secs ; elles sont par cette raison aussi d'une nature plus coriace que les autres de la même section. Celles-ci sont ou terrestres, par exemple le Sphæria *ophioglossoides* (Clavaire radiqueuse, Bull., t. 440, f. 2), qui est en dehors d'une couleur lustrée, et jaune en dedans, et qu'on trouve en automne dans les forêts, où parasites sur d'autres champignons, comme le Sphæria *capitata* (Holms-kiold , *Fungi Danici*, t. 14), qui a pour base la truffe de cerfs (Lycop. cervinum. L.), laquelle était, mal à propos, prise par quelques botanistes comme une partie intégrante du champignon. Quoique ressemblant à l'espèce précédente, elle en diffère par sa tête arrondie ou ovale.

Les autres naissent sur les insectes morts ou sur leurs chrysalides et leurs larves. Nous en connoissons deux en Europe, ce sont le Sphæria *entemorhiga*, Dickson, pl. Cryptog. 1, p. 22, t. 5 , t. 3, et le *Sph. militaris*; Pers. , Observ. mycol. 2, t. 2, f. 3. Cette dernière est en forme de massue hérissée des proéminences, d'où lui est venu ce nom spécifique ; sa couleur est rouge·jaunâtre. Ces sortes de champignons parasites que l'on avoit anciennement regardés comme des animaux-végétaux (Musca vegetabilis), ont été les premiers observés dans l'Amérique méridionale où ils se développent non seulement sur des chenilles, mais aussi sur des guêpes et des cicades ; et ils sont, selon ces diverses localités, vraisemblablement autant d'espèces distinctes ; au reste, on peut consulter là-dessus le vol. 53 des *Transactions philosophiques*, *an* 1763, *p.* 271-274; *et* G. Edwars, *Glanures de l'Histoire naturelle*, part. 3, et Holmskiold, *Coryphei*, p. 45 et 47.

Oɴ ne doit pas considérer les champignons seulement comme objet d'étude et sous le rapport des jouissances spirituelles que nous causent leurs recherches et leur examen ; mais aussi sous celui de l'avantage comme aliment et assaisonnement qu'un grànd nombre d'espèces procurent aux hommes. Je ne veux pas rapporter ce que Pallas a écrit sur ces végétaux dans le premier vol. de son *Voyage dans plusieurs provinces de l'Empire de la Russie,* au sujet de ce peuple si éloigné de nous, ni transcrire ici ce que Bulliard en a dit dans son *Hist. des Champ.,* p. 65 ; mais qu'il me soit permis d'insérer ici l'extrait d'une lettre de M. Schwægrichen, professeur de botanique, à Leipsick.

« Dans un voyage, dit ce botaniste, que je fis dans une partie de l'Allemagne et en Autriche, j'observai dans les environs de Nuremberg, où j'ai vécu une partie de l'été, que les paysans mangeoient avec leur pain noir, assaisonné d'anis et de carvi, des champignons crus. Mon occupation étant alors la recherche

et l'étude des plantes cryptogames, je me réso-
lus de faire une expérience sur moi-même de
l'effet de cette nourriture.

« J'ai donc imité ces bonnes gens, et je m'y
accoutumai tellement que, pendant plusieurs
semaines, je ne mangeois rien que des champignons crus avec du pain en ne buvant que de
l'eau pure. Loin d'en éprouver une influence
nuisible à ma santé, je sentis au contraire mes
forces accrues pour mes courses. Je préferois
les espèces qui n'avoient pas une mauvaise saveur ou une odeur désagréable, et qui étoient
d'une consistance un peu ferme; par exemple, le Boletus *esculentus*, *rufus*, Agaricus
campestris et *procerus*, le Clavaria *coralloides*, etc.

« J'ai observé que les champignons, si l'on
en use sobrement, sont très-nourrissans, mais
qu'ils perdent leur bonne qualité par la prépa-
ration culinaire, qui de plus leur fait perdre
leur goût naturel ».

Avant de commencer la description des espèces salubres et nuisibles, il est nécessaire
auparavant d'établir quelques règles en général qui pourtant souffrent des exceptions, pour
apprendre à reconnoître au premier abord ces

bonnes espèces de champignons de celles qui sont suspectes ou malfaisantes.

La principale règle pour parvenir à cette connoissance est, sans contredit, la manière dont sont affectés les sens par l'odeur et la saveur. On peut prendre, pour un type invariable de toutes les bonnes espèces, le *champignon de couche* (Agaric. *campestris*.) Comme on sait, l'odeur en est assez suave et douce, et la saveur approche de celle de la noisette, sans laisser *d'arrière-goût désagréable, astringent ou styptique.* Pour en donner un exemple, choisissons l'Agaricus *muscarius*, Linn., et Agaric. *verucosus*, Bull., t. 316. (Amanita rubescens), et quelques autres qui ont à peu près ce goût; mais en les mâchant et en voulant les avaler, on sentira une difficulté dans la déglutition. Une odeur virulente, et qui a quelque ressemblance avec celle du radis ou plutôt de la terre des caves ou souterrains, et qui est très-manifeste dans l'Agaric *bulbeux*, indique une mauvaise qualité. Les champignons qui ont une saveur très-amère, désagréable et une odeur rebutante, n'ont au reste rien qui invite à les cueillir. Cependant un goût piquant que l'on remarque dans les chanterelles, dans l'Hydne sinué, et qui est plus fort dans l'Agaric *brûlant*, Bull., t. 528 (qui paroît être la même espèce que l'Agaricus *peronatus*), ou il a celui du piment, ainsi que l'odeur d'ail (Agaricus *alliaceus*. Jacquin, *Flor. Austriaca*, t. 82, et Ag. *porreus*, Bull., t. 524), ne sont pas des indices d'une qualité délétère ; on pourroit même s'en servir comme assaisonnement, comme on le fait avec la truffe grise ou l'ail.

Quelques Bolets, tels que les Boletus *aurantiacus, scaber* et *hepaticus*, qui sont *comestibles*, out une saveur comme l'acide sulfurique très - étendu d'eau. Cette saveur ne se trouve guère dans les Agarics.

On doit se méfier des champignons qui croissent dans des bois touffus, bien que l'on y rencontre des espèces comestibles ; par exemple, le Bolet *esculentus*, la *Chanterelle*, les *Clavaires* et quelques *Hydnes*; cependant les parties des bois très - ombrageuses et humides ne produisent pas des espèces salubres; comme l'Agaricus *clypeolarius*, Bull., et le Chanterelle *orangé*. Ceux qui viennent au contraire au bord des forêts, dans les bruyères, les friches, les pâturages, dans les prairies sèches, et parmi les broussailles, sont les meilleurs ou les moins dangereux, attendu toute-

fois qu'ils ont la saveur et l'odeur que nous
venons d'indiquer.

Il y a des champignons d'une bonne qualité, tels que les Bolets hépatique et en bouquet, l'Agaric en conque, les Hydnes rameux, et autres qui naissent sur les troncs et
branches d'arbres, et qui sont d'une consistance un peu coriace. En général, plus la
substance du champignon est blanche, compacte, sèche et cassante, moins il y a à crain-
dre de son usage, si toutefois l'odeur et la
saveur, dont nous avons parlé, se trouvent
réunies.

Quant aux couleurs, on peut en tirer peu
de conséquences certaines. Cependant il semble que la couleur d'un jaune pur et doré,
surtout des lamelles, indique une bonne qualité, comme on le remarque dans l'Oronge,
le Chanterelle, l'Agaric lactaire doré, la Russule esculente et la Clavaire coralloïde. Au
contraire, la couleur d'un jaune pâle, surtout
la sulfurine, paroît propre aux espèces nuisibles, car on la trouve dans le champignon le
plus vénéneux, l'Agaric *bulbeux*, variété citron;
et M. Paulet dit, dans son *Traité*, p. 229 de
l'Agaric *amer*, Bull., t. 562. (A. fascicularis,
les Têtes de soufre, Paul.) : « Si l'on en donne

aux animaux, ils n'en paroissent pas affectés d'abord ; mais, au bout de quelques heures, ils commencent à en être étonnés, boivent beaucoup, refusent de manger, ne peuvent pas se tenir sur leurs jambes ; les uns la rejettent en vomissant, d'autres sont malades plusieurs jours, et il y en a qui finissent par mourir ; mais ordinairement ils n'en meurent pas, surtout lorsqu'ils vomissent.

J'ai rapporté cette expérience, parce que quelques botanistes affirment que l'on use comme aliment de cette espece d'Agaric, la plus commune, qui vient par touffes sur les troncs et sur les tablettes de bois, dans les jardins et les forêts, et qui a une saveur fort amère, et une couleur d'ocre.

Une grande partie parmi les champignons d'une bonne qualité est plus ou moins blanchâtre, ou tirant sur le pâle ; par exemple, l'Agaric ovoïde, Bull., les Agarics de bruyère et couleur d'ivoire, Bull., quelques mousserons, le Bolet blanc, les Hérissons, quelques Morilles, etc. : cependant, l'Amanite bulbeuse Var. blanche est très-vénéneuse.

La couleur d'un brun mat ou bistré du chapeau se rencontre aussi dans plusieurs bonnes espèces, telles que l'Agaric de couche, l'Agaric élevé (**A.** procerus), Agaric couleur de marron, plusieurs Bolets et quelques Helvelles ; mais malheureusement l'Agaric verruqueux , Bull., l'Agar. clypéolaire et l'Agar. crevassé (rimosus), Bull., t. 88 (1), qui sont très-dangereux , ont aussi cette couleur.

La couleur d'un rouge vineux et violet, de la totalité ou d'une partie du champignon, semble être sans exception l'indice de sa salubrité, car les feuillets de l'Agaric de couche, ainsi que de l'Amanita incarnata sont de la première couleur , et on mange dans quelques pays l'Agaric violet , le Hydne violet et la Clavaire violette.

Au contraire, les champignons qui sont d'un rouge plus ou moins foncé et sanguin sont malfaisans, témoins l'Agaric mousseté ou Fausse-Oronge, l'Agaric émétique et la Russule couleur de rose. Cependant le Bolet hépatique qui est alimentaire a un suc rougeâtre, ou plutôt

---

(1) Cette espèce, d'une grandeur moyenne, est assez fréquente dans les bois ; elle a un chapeau pointu et satiné, marqué de fentes longitudinales. Au rapport de M. le professeur Balbis, une famille entière a été empoisonnée à Turin, par cet Agaric.

celui de la betterave. La couleur verte est la plus
rare dans ces productions, et parmi les Agarics, l'Agaric *palomet* est d'une bonne qualité,
et l'Agaric bulbeux verdâtre ou Amanita viridis est vénéneux.

On a aussi indiqué plusieurs autres moyens
pour distinguer les champignons salubres d'a-
vec les délétères, mais qui sont trop vagues et
trop incertains ; par exemple, la viscosité du
chapeau, la présence du collet que l'on prétend être propre aux bonnes espèces, la cavité du pédicule seroit une marque de la
nature vénéneuse. La présence des vers et
des limaces est aussi, d'après quelques auteurs, une indication assez certaine qu'on
peut employer, comme aliment, de pa-
reils champignons. On doit cependant le
faire avec beaucoup de prudence : car j'ai vu
ces animaux se nourrir de mauvaises comme
de bonnes espèces. Ils ont d'ailleurs une organisation si simple et si différente de la nôtre,
et qui par conséquent a une autre destination, qu'on ne peut pas conclure de leurs besoins physiques aux nôtres.

Dans la manière de cueillir les champignons
comestibles, il y a aussi quelque précaution à
prendre. Il est bon, autant que possible, d'en

faire la récolte dans un temps un peu sec , et
surtout après la rosée, de les prendre dans leur
état adulte , et même avant l'épanouissement
entier du chapeau ; car, dans un trop grand
degré de maturité, la chair en devient flasque,
se putréfie, ou les vers s'y développent. Au lieu
d'arracher les individus du sol , il faut mieux
en couper les pieds ou les tiges près la terre,
pour que celle-ci ne s'introduise pas entre
les lamelles, les pores et alvéoles.

Quand on a choisi les espèces saines, il convient encore, avant d'en faire usage , de les
monder de leurs feuillets et de leurs tubes ; c'est
cette partie que les cuisiniers appellent *foin* ; on
en retranche aussi souvent le pédicule qui est
ordinairement d'une texture moins fine. Pour
ce qui concerne les Bolets, on doit les couper,
afin de s'assurer s'ils changent de couleur et deviennent bleus, alors il seroit imprudent d'en
faire usage ; ensuite on les fait tremper dans de
l'eau froide ou tiède, en y mêlant tant soit peu de
vinaigre pour les faire blanchir ; mais cette
eau doit être rejetée. On prétend que , par ce
moyen, on pourroit manger les champignons,
même les insalubres. On favorise leur digestion, d'abord en les mâchant long-temps , et
par des assaisonnemens convenables, tels que

l'huile ou le beurre, le jaune d'œuf, le sel, le vin et le vinaigre. Etant apprêtés, on ne doit pas les conserver, car ils s'altèrent facilement, et acquièrent des qualités délétères.

Manière de conserver les Champignons.

Pour avoir des champignons toute l'année, on peut les conserver ainsi : Les espèces qui ne sont pas trop grandes, comme les Chanterelles, les Morilles se dessèchent bien en les laissant sur une table ou ailleurs. un peu à l'ombre, ou en les enfilant de manière qu'ils ne se touchent pas; on peut les dessécher plus rapidement dans un four. Mais on coupe les grandes espèces, telles que les Bolets et autres, après en avoir ôté les tubes et le pédicule, par bandes ou tranches. On conserve ces champignons bien préparés, dans des sacs que l'on a soin de suspendre dans des lieux secs et aérés, et de les secouer de temps en temps. Dans quelques pays on les fait confire dans du vinaigre, du poivre. du sel et de l'ail, ou simplement dans l'huile ; mais ils perdent par ce moyen leur parfum. D'autres les mettent dans l'eau salée. On m'a assuré qu'en Sicile, dans la ville de Rubissi, on conserve ainsi de grandes espèces comestibles qui croissent dans les montagnes de Madonia, pour s'en servir au besoin , et pour les envoyer, par la voie du commerce, dans d'autres pays.

Lorsqu'on veut en faire usage, on fait revenir dans l'eau tiède ou dans le lait ceux qui sont séchés, où on les laisse tremper quelques heures. L'eau est préférable au lait pour les Morilles, les Mousserons et les champignons ordinaires; mais pour les *Chevrotines* (Hydnes), les *Girandets*, les *Barbes de chèvres* (Cla-vaires), on préfère le lait. (Paulet.)

« Quant aux *Truffes*, il faut d'abord les ré-colter par un temps sec, à l'époque de leur parfaite maturité, et dans l'état le plus sain, car une seule Truffe gâtée suffit pour gâter les autres. Les Truffes précoces, nommées en Italie *avatamès*, doivent être recueillies un peu avant la maturité, et suspendues à l'air libre dans un panier à jour, et dans un lieu frais. »

En général les Truffes se gardent mieux dans leur terre natale que lorsqu'on les en débarrasse et qu'on les lave; car l'humidité s'insinue dans leurs pores et les fait bientôt pourrir; c'est pourquoi il est plus expédient de les frotter avec une brosse rude. On a proposé de les enterrer dans un sable bien sec, et ce moyen est assez sûr. Le son dans lequel d'autres personnes emballent les Truffes est plus propre à accélérer leur détérioration qu'à les conserver, parce qu'il s'humecte, se tasse et s'échauffe : les cendres altèrent les Truffes.

Celles qu'on tient plongées dans l'huile se conservent plus long-temps que celles qu'on envoie dans le vinaigre ou dans la saumure. L'huile, le vinaigre, l'eau-de-vie où l'on a mis des Truffes se chargent de leur odeur, et alors celles-ci se dépouillent presque entièrement de leur parfum agréable. D'autres les font cuire dans le vin, et les plongent ensuite dans l'huile.

En général les Truffes trop mûres et celles qui ne le sont pas assez se conservent peu de temps ; l'arome dont elles sont remplies à l'époque de leur maturité, et la fermeté que leur chair acquiert, les rendent plus propres à être conservées à cette époque. Les Truffes qu'on coupe par tranches, qu'on enfile et qu'on fait sécher comme les Mousserons, peuvent se garder long-temps ; mais elles n'ont pas le parfum et la saveur des Truffes fraîches ; au reste, il convient de les sécher à l'ombre, et par la sécheresse du soleil plutôt que par le feu qui dissiperoit entièrement leurs parties odorantes et volatiles.

« L'usage d'entourer les Truffes récentes de cire, de graisse, d'huile, etc., est contraire à leur conservation ; car tant que ces végétaux sont vivans, ils transpirent, et leurs humeurs ne pouvant pas se dissiper au dehors, rentrent au dedans et hâtent la putréfaction. La bourre, l'étoupe dont on les enveloppe s'imbibent d'humeur et ne les conservent pas aussi bien que l'argile sèche et pulvérisée qui paroît préférable à toute autre substance. » Parmentier, *Bulletin de Pharmacie*, vol. 1, p. 578.

Manière de remédier aux accidens occasionés par les Champignons délétères.

Pour compléter ce Traité et pour indiquer à ceux qui, vivant, surtout à la campagne, ne pourroient pas avoir des secours des gens de l'art contre les accidens occasionés par des champignons vénéneux ou malsains, nous avons cru qu'il seroit d'une grande utilité d'indiquer ici les symptômes qui se manifestent dans ces sortes d'empoisonnemens, et les moyens de les combattre. J'ai extrait cet article de l'excellent ouvrage de M. le docteur *Orfila*, qui a pour titre : *Traité des Poisons tirés des règnes minéral, végétal et animal, ou Toxicologie générale.* Paris, 1815.

Les champignons vénéneux ne manifestent leur première action qu'un certain temps après qu'ils ont été mangés ; ce n'est le plus souvent que cinq ou sept heures après. Il s'en écoule quelquefois douze à seize, plus rarement vingt-quatre , sans qu'on éprouve aucun symptôme. Les altérations graves de presque tous les viscères prouvent que ce venin, ayant acquis toute son énergie par le moyen de la digestion, se répand dans toute l'économie animale , y excite l'irritation la plus violente , et une inflammation qui dégénère promptement en gangrène , ce qui a lieu surtout avec plus d'intensité dans les voies digestives qui ont reçu immédiatement le poison , et qui en conservent les restes dissous pendant long-temps.

Les douleurs d'estomac , les tranchés , les nausées , les évacuations par haut et par bas sont les premiers symptômes dont les malades sont atteints. Bientôt la chaleur des entrailles, les langueurs et les douleurs deviennent presque continues , les crampes, les convulsions, tantôt générales , tantôt partielles, avec soif inextinguible, s'ensuivent, le pouls est petit, dur, serré et très - fréquent.

Lorsque les accidens, après avoir duré un certain temps, ne sont pas diminués par l'effet des secours administrés, les vertiges, un délire sourd, l'assoupissement s'emparent de quelques sujets, et ne sont interrompus que par les douleurs et les convulsions. Chez d'autres, il n'y a point d'assoupissement, les douleurs et les convulsions épuisent les forces ; les défaillances et les sueurs froides ont lieu. La mort enfin vient terminer cette série de souffrances, après avoir été prévue et annoncée par le malade lui-même, qui n'a pas perdu un seul instant l'usage des sens.

On doit donc d'abord s'occuper de l'évacuation du poison à l'aide de l'émétique, et mieux encore des éméto-cathartiques, des potions et des lavemens purgatifs ; même assez souvent les purgatifs doivent être préférés aux émétiques, parce que l'action de ces champignons est lente et ne se manifeste que dix à douze heures après leur ingestion, c'est - à - dire, quand ils se trouvent déjà dans le canal intestinal. Ainsi on fera avaler au malade trois à quatre grains d'émétique, réunis à vingt-quatre grains d'ipecacuanha, et six à huit gros de sel de glauber dans l'eau.

On administrera en outre une potion faite avec de l'huile de ricin et le sirop de fleurs de pêcher; on en fera prendre des lavemens préparés avec la casse, le séné et sel d'epsum, ou avec une forte décoction de tabac. Mais il seroit imprudent d'administrer des purgatifs irritans, si l'inflammation du bas-ventre avoit déjà fait des progrès rapides; ainsi, s'il y avoit beaucoup de fièvre jointe à une tension douloureuse de l'abdomen, à la cardialgie, à la sécheresse de la langue, accompagnée d'une soif extrême et de chaleur brûlante à la peau, dans la bouche et dans la gorge, il faudroit avoir recours à la saignée et aux autres moyens antiphlogistiques.

Lorsque tous ces symptômes seront dissipés, on emploiera les fortifians tels que le quinquina, le lait, etc. *Paulet.*

Voici les expériences tentées par M. Orfila, pour constater la valeur du *vinaigre*, du *sel commun*, de *l'éther*, de *l'émétique* et de *l'alcali - volatil* dans l'empoisonnement par les champignons.

1. Le *Vinaigre.* Cet acide végétal a la faculté de dissoudre la partie active de l'Agaric *bulbeux* et de la *Fausse-Oronge* (Agaricus muscarius, L.), en sorte que l'on peut avaler im-

punément l'un ou l'autre de ces champignons coupés par morceaux et épuisés par cet acide; mais la liqueur est excessivement vénéneuse. Ces champignons, introduits dans l'estomac avec du vinaigre, sont capables de produire la mort plutôt qu'ils ne le feroient si le vinaigre n'eût pas été administré, pourvu que le poison n'ait pas été vomi. L'eau vinaigrée nous a paru utile dans cet empoisonnement, lorsque le champignon vénéneux a été expulsé par les évacuans. (Voyez aussi le *Traité* de M. Paulet, page 25.)

2. Le *Sel commun* dissous dans l'eau jouit, comme le vinaigre, de la propriété de dissoudre les parties actives de ces champignons, et offre par conséquent les mêmes avantages et les mêmes inconvéniens.

3. *L'éther sulfurique*, dont on a fait un usage si fréquent dans ces derniers temps, pour combattre l'empoisonnement de ce genre, n'est pas sans danger lorsqu'il est administré avant l'expulsion de ces champignons, car il a aussi la faculté de se charger du principe vénéneux; mais il nous a paru d'une grande utilité après l'emploi des évacuans.

4. L'émétique et les émético-cathartiques, semblent devoir jouer le principal rôle dans

ces sortes de traitemens, car la mort a presque toujours lieu, lorsque ces champignons ne sont pas évacués.

M. Paulet ordonne un émético-cathartique fait avec un grain de tartre stibié, et deux gros de sel de glauber, dissous dans une demi-livre d'eau.

Il faut, dit Bulliard, faire promptement vomir le malade, et lui donner dix à douze gouttes d'éther vitriolique dans du vin.

DESCRIPTION DES ESPÈCES.

I. AMANITE, *Amanita*, ou Agaric à bourse; champignon sortant d'une bourse ou d'un *volva*, ayant un pédicule plus ou moins renflé à sa base, dont le chapeau en dessous est garni de feuillets, ou de lamelles rayonnantes.

1. L'ORONGE. Amanita *aurantiaca*. Agaricus aurantiacus. (Bull., *Histoire des Champignons de la France*, pag. 666, t. 120.) Agaricus Cæsareus Allioni, *Flor. Pedemont.*, pag. 339. Voy. la planch. I.

Cette espèce, qui après le champignon de couche, ou Agaricus *campestris*, Linn., est le plus en usage, se trouve pendant l'automne dans les bois, mais plus particulièrement dans le midi de l'Europe, en Italie et dans la France. Elle ressemble dans sa jeunesse à un œuf, étant encore enveloppée dans le volva, de couleur blanche, qui se partage ensuite en plusieurs lobes, pour donner passage au chapeau. Celui-ci est d'une forme orbiculaire, large de quatre à six pouces, d'une belle couleur orangée, strié sur les bords, et souvent incisé, non tacheté ; les feuillets en sont épais, jaunâtres ; son pédicule est plein et pourvu d'un collet ou anneau large.

On appelle aussi cette espèce, dans quelques provinces de la France, *Dorade*, *Jaune d'œuf*, *Cadran*, *Jazeran* ou *Jasserans* dans les Vosges ; en Italie, *Coccoli* ou *Uovali* ; *Bolœ réal* en Piémont.

Ce champignon étoit déjà très connu des Romains, qui l'appeloient *Fungorum princeps*, *Boletus*, et qui devoient en avoir été fort friands, comme l'indiquent les vers suivans de Martial. (Epigr., lib. XIII.)

> *Argentum atque aurum facile est*
> *Lanamque, togamque,*
> *Mittere; Boletos mittere difficile est.*

Remarque. Il a du rapport avec *l'Agaric aux mousses* (Agaric. muscarius, L.), ou la *Fausse-*

Oronge de Bulliard, t. 122 ; *Ovolaccio, Ovolo malefico, Tignosa* des Italiens, qui est plus commun, surtout dans l'Europe septentrionale, mais d'une qualité malfaisante. Il diffère de l'Oronge par le chapeau plutôt rougeâtre et presque toujours tacheté de tubercules, ou verrues blanches, par la couleur des feuillets et du pédicule qui est entièrement blanc, et par un volva incomplet, adhérant d'abord à la bulbe du stipes, et au chapeau, et resté sur celui-ci, après le développement, en forme de verrues anguleuses et blanchâtres. C'est, au reste, une des plus belles espèces de champignons.

Manière d'apprêter l'Oronge.

En Italie, on la mange ordinairement frite dans l'huile, ou avec une sauce verte un peu forte, coupée en tranches ; on en garnit aussi des morceaux de viande assaisonnés.

La meilleure manière d'apprêter l'oronge consiste, selon M. Paulet, après l'avoir épluchée, c'est-à-dire, dépouillée de sa peau et en avoir enlevé la tige, à la faire cuire renversée sur un plat, sa cavité étant garnie de fines herbes, de mie de pain, d'ail, de poivre, de sel et des chures de sa tige, le tout arrosé d'huile d'olive.

Cette manière n'étoit pas celle des anciens Romains : car, suivant Apicius, on l'apprêtoit dans le vin cuit, avec un bouquet de coriandre, ou dans le suc de viandes, avec l'assaisonnement ordinaire, et on ajoutoit pour liaison, le miel, l'huile et les jaunes d'œufs.

Après l'huile d'olive et le beurre, le vin et le jaune d'œuf sont les meilleurs dissolvans de l'oronge, et les plus propres à la corriger. (Paulet.)

2. L'ORONGE BLANCHE. Amanita *alba*, Agaricus ovoides, Bull., *Hist. des Champ.*, p. 668, t. 364. La Coquemelle, Paulet, *Traité*, p. 318. *Coucoumele*. Le champignon blanc.

Cette espèce, qui est aussi une des plus délicates, diffère de l'oronge proprement dite, par sa couleur qui est entièrement blanche, par son chapeau lisse, sur les bords, et enfin par ses feuillets étroits. La tige n'est point bulbeuse à s a base.

Elle se trouve en été et en automne dans les bois de l'Italie et de la France méridionale. Bulliard dit l'avoir aussi rencontrée à Fontainebleau.

Toute la plante a l'odeur, la saveur, ainsi que les qualités des meilleurs champignons. On l'apprête comme l'oronge.

Remarque. On pourroit confondre ce champignon, à cause de sa couleur, et parce qu'il est du même genre, avec l'Agaric bulbeux; comme ce dernier est l'espèce la plus dangereuse, et qui a coûté la vie à tant de personnes, nous voulons en donner une description, ainsi que de ses variétés, qu'on peut comprendre en général sous la dénomination suivante :

5. AMANITE VÉNÉNEUSE. Amanita *venenosa.* Il est malheureusement en automne, du moins aux environs de Paris, un des plus communs. On peut le connoître facilement par sa couleur blanche, sulfurine ou verdâtre, mais surtout par son pédicule bulbeux qui est entouré à sa base d'un volva, qui couvre son chapeau avant son développement, et sur lequel il en reste des lambeaux qui sont difformes et larges vers le bord, mais plus petits et polyèdres au milieu; il y a, en outre, à la tige un anneau ou collet assez large et épais, et souvent rabattu.

Les feuillets sont blancs, et conservent toujours cette couleur sans devenir rougeâtres;

le chapeau est convexe, charnu, large de trois
à quatre doigts, rarement dépourvu des verrues ; l'odeur en est vireuse, assez forte ; la
saveur âcre et styptique, surtout après quelques instants quand on en a mâché.

Sous le nom d'Agaric *bulbeux*, Bulliard et
quelques autres botanistes, comprennent deux
ou trois espèces, ou variétés, qui ont toutes
les qualités délétères, mais qui diffèrent assez
constamment par la couleur du chapeau. Ce
sont les suivantes :

A. Amanita *bulbosa alba*, Syn. Fung., p.
251. Schæff. Fung. bavar., t. 241. Agaricus
vernalis, Bolton, champign., t. 48. Agaricus
bulbosus vernus, Bull., t. 108. *L'Oronge ciguë
blanche* Paulet. *Voy.* planche 2, f. 1.

Cette variété est moins commune et entièrement blanche; je ne l'ai jamais trouvée au
printemps (1), saison qui, au reste, n'est point
en général celle de l'apparition des champi-

---

(1) Si le printemps est très-pluvieux, on voit paroître
au mois de mai quelques grandes espèces de champignons, telles que le *Chantarelle*, le Bolet *comestible*, le
Bolet *sanguin*, l'Amanite à chair rougeâtre (Amanita
rubescens), ou autres Agarics d'une substance tendre,

gnons charnus. Bulliard lui donne, en outre,
un chapeau déprimé au milieu.

Cette plante, dit M. Paulet, a malheureusement une odeur de champignon ordinaire, qui
n'est pas même désagréable et ne rebute pas ;
c'est aussi celle qui a le plus souvent exposé
aux méprises et aux accidents funestes qui en
ont été la suite, observés tant de fois à Paris.
Je suis même porté à croire que c'est la variété qui les cause presque toujours, parce que,
outre cette apparence de qualités non suspectes
qui trompent ceux qui n'ont point de connoissances dans cette partie de la botanique, ou
n'en possèdent que de superficielles, ils la con-
fondent toujours avec la variété blanche du
champignon de couches, mais qui a ses feuillets rougeâtres.

B. Amanite *sulfurine*. Amanita *citrina*. Syn.

---

que l'humidité fait éclore hors de la saison, qui est pour
ces champignons ordinairement les mois d'août et suivants. Cependant, quelques Agarics, comme le *Mousseron*, l'Agaric *précoce* (A. *præcox*, Syn. Fung., p. 420.)
sont, en quelque sorte, printanniers ; mais le nombre,
du moins dans ce pays, n'en est pas si considérable,
comme Bulliard a annoté dans le premier volume de son
Histoire des Champignons.

Fung., pag. 251. Schœff., Fung., t. 20. *Voy*. la fig. 2 de la 2ᵉ table, l'Oronge ciguë jaunâtre Paulet, *Traité*, pag. 326. Bull., t. 577, fig. *g*. La couleur du chapeau de cette variété est d'un citron pâle, ainsi que l'anneau ; le pédicule est long de trois à quatre pouces, et bulbeux, un peu strié au sommet. Cette variété est très-commune en automne dans les endroits sombres des bois ; elle croît surtout dans les terres légères et sablonneuses, parmi des feuilles sèches.

C. L'Amanite *verdâtre*. Amanita *viridis*. Syn. Fung, pag. 251. *Voy*. la fig. 3 de la 2ᵉ table. Agaricus bulbosus. Bull., t. 2, 108 et 577. fig. D. L'Oronge ciguë verte. Paulet, pag. 328.

Cette variété pourrait être pour les botanistes une espèce dictincte, car le chapeau est presque toujours glabre, ou sans débris du volva ; elle est d'une couleur d'herbe, quelquefois olivâtre ou grisâtre ; la bulbe du stipes est plus arrondie et non aplatie autour du pédicule, comme on le remarque dans les deux précédentes variétés. On la trouve aussi en automne, mais moins fréquemment, dans des bois touffus. Ce champignon, plus grand que les deux autres, paroît avoir une saveur et une odeur plus nauséabonde et plus forte.

M. Paulet a rapporté dans son ouvrage plusieurs observations et beaucoup d'expériences pour constater les effets terribles de ces champignons vénéneux, sur l'homme et sur les animaux. Nous allons transcrire ici deux de ces expériences :

« A la dose de trois gros environ, haché menu, mêlé avec de la viande et du pain, dont on fit une pâtée, ce champignon. donné à un chien fort et vigoureux, ne produisit aucun effet sensible pendant les dix premières heures; l'animal mangea même encore cinq heures après, et joua comme à son ordinaire; mais au bout de dix heures, il commença à faire des efforts pour vomir, il ne put se soutenir sur ses jambes, se coucha, s'assoupit et mourut bientôt après dans des mouvemens convulsifs.

« Convaincu que ces champignons étoient mortels pour les hommes et pour les animaux, je fus curieux, dit M. Paulet, de savoir si toutes les parties étoient également dangereuses, et dans laquelle résidoit principalement le principe vénéneux; pour cela, ou donna à un gros chien une demi-once de son suc exprimé, délayé dans un peu d'eau. Le chien vomit presque sur-le-champ, et fit des efforts incroyables pour le rendre; il eut des tremblemens, des tiraillemens, des mouvemens convulsifs par tout le corps, le hoquet, des nausées continuelles, un véritable *cholera* convulsif, avec un abattement des forces considérable. Cet état continua environ vingt-quatre heures, au bout desquelles il mourut sans avoir rien voulu prendre. A l'ouverture du corps, on trouva l'œsophage enduit d'une matière visqueuse et d'un gris cendré, l'estomac rempli d'une liqueur fétide, la tunique de ce viscère parsemée de petits points rouges, le canal intestinal rétréci vers *l'ileum*, *l'épiploon* durci, et retenant l'empreinte des intestins. »

4. Amanite a tête lisse, Amanita *leucophala*; Agaricus *leucophalus*, Dec. *Flore franç.* Supplément du vol. 6, p. 53.

Cette belle espèce, dit l'auteur, est entièrement blanche, même dans un âge avancé. Son odeur est agréable, sa chair ferme, sa superficie sèche et satinée, son pédicule épais vers sa base; son chapeau a 7 à 8 pouces de diamètre, ses feuillets sont nombreux, non adhérens au pédicule qui n'a point de collier; son volva est grand. On le vend au marché de Montpellier.

Remarque. D'après M. Decandolle, on vend aussi au marché de Montpellier, sous le nom de *Coucoumèle jaune*, la *Coucoumèle orangée*, qui probablement est l'Amanita *fulva* ou Agaricus fulvus, Schæff. t. 98; A. *trilobus*, Bolton. *Fung.*, t. 38, f. 2; Bull. t. 512, f. N; ainsi qu'une autre, connue sous les noms de *Coucoumèle grise* et *grisette*, peut-être l'Agaricus *plumbeus*, Schæff. t. 85, et Ag. *vaginatus*, Bull. *Champ.* t. 512, f. M.

Ces espèces, qui diffèrent des Oronges et de la plupart des autres de ce genre par l'absence du collet ou anneau, et par un pédicule non bulbeux, entouré d'un volva allongé eu forme de gaine, sont communes dans les pays septentrionaux. Elles sont d'une texture plus tendre, et leur chapeau est strié sur ses bords; leurs feuillets, rétrécis à leur base, sont de couleur blanche; leur pédicule devient creux dans la maturité.

La saveur de ces champignons est à la vérité d'abord celle du champignon de couche, surtout s'ils croissent dans des endroits découverts et sur les bords des bois ; mais après en avoir mâché, on remarque un arrière-goût désagréable et quelque chose d'astringent dans la gorge, signes par lesquels la nature prévoyante a voulu nous avertir du danger. Ce qui confirme cette opinion est l'observation de M. Pico (*Melethemata*, p. 153), qui regarde l'Agaricus *fulvus* comme très-suspect, car en ayant donné à manger à un chien, celui-ci s'en trouva fort incommodé.

5. **Amanite incarnate**, Amanita *incarnata*, *Syn. Fung.* p. 248 ; Agaricus bombycinus, Schæff. *Fung.* t. 98, Micheli, *Gen. Pl.* p. 182, t. 76, f. F, C.

Le volva de cette Amanite est un peu visqueux, blanc ou jaunâtre ; son pédicule est glabre, un peu courbé, long de quatre à cinq pouces et large d'un pouce plus ou moins ; ses feuillets sont d'abord blancs ; mais deviennent ensuite incarnats, et puis déliquescens ; son chapeau est très charnu, campanulé, velu et large de 4 à 6 pouces.

Ce champignon croît au pied des arbres en Allemagne, en Suède et en Italie ; dans ce dernier pays il est comestible, d'après Micheli.

Remarque. L'Amanita *speciosa* , Fries ,
Obs. mycol. p. 1, ou le Fungus esculentus ,
etc. Micheli, p. 182, n° 2 , se distingue de l'espèce précédente par un chapeau glabre, blanc,
gris au milieu , et par un pédicule un peu velu; mais ses feuillets sont aussi couleur de chair,
et il a la même bonne qualité que l'Amanite
incarnate. Il vient en Suède, en Danemarck,
en Allemagne et en Italie , dans un sol gras ,
où l'on a répandu du fumier.

6. AGARIC SOLITAIRE , Agaricus *solitarius*,
Bull. t. 48 et t. 593 ; Amanita procera, Amanite élevée.

Cet Agaric, dit Bulliard, est un des plus
grands que nous connaissions ; on le trouve
dans les forêts (ainsi que sur les pelouses).
Ses individus qui n'ont jamais dans leur ado-
lescence une forme ovoïde , croissent sur la
terre et sont solitaires. Son volva est presque
toujours écailleux en dehors ; son pédicule,
long de six à huit pouces, et pourvu d'un collet membraneux et comme plissé , est d'un
blanc de neige. Son chapeau , d'abord d'une
forme arrondie , ensuite aplati et souvent déprimé dans le centre, est luisant et parsemé
d'un grand nombre d'écailles (verrues) for-

mées par les débris du volva, tantôt de couleur blanche, tantôt de bistre pâle, large de six à neuf pouces. Sa chair est très-épaisse et ferme, et ses feuillets sont entièrement blancs.

On le mange cuit sur le gril avec du beurre frais et du sel.

II. AGARIC, *Agaricus*. Champignon dont le pédicule est dépourvu de bourse ou volva, et dont le chapeau a des feuillets rayonnans, simples pour l'ordinaire, et alternativement plus courts.

** Le pédicule pourvu d'un collet.*

1. AGARIC ÉLEVÉ, Agaricus *procerus*, *Syn*. *Fung*. p. 256 ; Schæff. *Fung*. t. 22 et 23 ; Sowerby, *Fung*. t. 190 ; Agaricus colubrinus, Bull., t. 78 et t. 583. La grande Coulemelle, Paulet, *Traité*, p. 288.

De toutes les espèces de ce genre, c'est elle qui s'élève le plus ; car le stipes est long de huit à douze pouces et quelquefois davantage dans des terrains favorables à son développement. Le pédicule est bulbeux à sa base et creux au centre ; il a de larges squames ou écailles couleur de bistre sur la surface, et un collet mobile et persistant. Les feuillets sont blancs, nombreux, et écartés du pédicule par

une substance charnue ou bourrelet. Le chapeau est de couleur bistre plus ou moins foncée, et couvert d'écailles imbriquées : il est mamelonné au sommet, et large de dix à douze
pouces.

Cette belle espèce se trouve assez communément à la fin de l'été et en automne dans
les endroits découverts des bois, et paroît surtout indigène des contrées boréales. Quoiqu'un
peu coriace, on en fait partout usage pour la
cuisine, ce que prouve d'ailleurs la multitude
de noms qu'on lui donne seulement en France:
Couleuvrée, *Couleuvrelle*, *Coulemelle*, *Cor-*
melle, *Goilmelle*, *Parasol*, *Boutarot*, *Potu-*
ron, *Coulsé*, *Vertet*, etc.

En rejetant les tiges qui sont un peu dures,
on l'accommode, à toutes sauces, en fricassée de poulet; on le mange cuit sur le gril ou
dans la tourtière, avec du beurre, de l'huile,
du poivre, du sel, de la chapelure de pain
et des fines herbes.

Remarque. L'espèce qui ressemble le plus
à ce champignon est l'Agaric *clypéolaire*, Bull.
t. 205 (A. *colubrinus, Syn. Fung.*); la *Cou-*
lemelle d'eau, Paulet, t. 291. Mais celui-ci
est trois fois plus petit et n'a pas le pédicule

tubéreux à sa base, ni l'anneau mobile et persistant ; il est d'ailleurs fugace, et d'une consistance molle ; et ce qui distingue principalement cet Agaric, c'est une odeur pénétrante
et fort désagréable qui lui est particulière ; la
cause paroît dépendre de son lieu natal ; car il
vient dans les endroits humides et ombrageux
des bois et des arbustes, et même dans des
fossés desséchés pendant l'été.

2. L'Agaric comestible des troncs, Agari-
ricus *caudicinus*, *Syn. Fung.* p. 271 ; Schæff.
t, 9 ; Frattinnick, *Fung. austriac.* t. 7 ; Agaric lignatile, Bull. t. 534, f. 1 ? *Famiglioli
gialli buoni*, en italien.

Cette espèce, dont on fait beaucoup d'usage
en Allemagne, surtout en Autriche, vient
par groupes sur des troncs d'arbres, ou de
vieilles couches. Il a le pédicule écailleux,
cylindrique, de couleur bistre foncé, et pourvu d'un collier petit et fugace. Les feuillets
sont un peu décurrens et ferrugineux. Le chapeau est glabre, brunâtre, ayant un mamelon sur le milieu, et large de trois à quatre
pouces.

Remarque. L'Agaricus *polymyces*, *Syn.
Fung.*, p. 269. Agaric. *annularius*, Bull. t. 540,

f. 3, lui ressemble beaucoup; mais il croît en groupes plus nombreux, composés quelquefois de quarante à cinquante individus, et seulement au pied des souches, ou même par terre; il s'en distingue aussi par le chapeau, dont le mamelon est poilu, ensuite par un collet épais, ainsi que par une saveur styptique.

Il est bien nécessaire de se garder de ce champignon; car il est, au rapport de M. Paulet, qui l'appelle la *Tête de Méduse*, très-malfaisant : « à six heures du soir, dit ce botaniste, on a fait prendre à un chien de moyenne taille une certaine quantité de ce champignon; l'animal s'est plaint toute la nuit, et il est mort douze heures après la digestion de la substance vénéneuse. »

Cette espèce délétère porte plusieurs noms; les meilleures figures qui en ont été données sont celles de M. Sowerby dans son *English Fungi*, t. 101, sous le nom d'Agaricus *stipitis*, et de M. Bolton, Fung. t. 141, qui l'a décrite sous le nom d'A. *melleus* (*Flora Danica*, 1015).

3. Agaric atténué, Agaricus *attenuatus*, Decand. *Suppl.* p. 51.

Son pédicule est aminci à sa base, et va en

s'évasant insensiblement jusqu'à son sommet ;
il est long de deux à quatre pouces, quelquefois central, quelquefois excentrique, épais
de deux lignes à sa base, de six à neuf au
sommet, plus ou moins courbé, blanchâtre,
plein, muni d'un collier rabattu. Ses feuillets
sont d'un brun-fauve sale, décurrens du grand
côté quand le pédicule est excentrique, et ren-
trant de toutes parts quand il est central. Le chapeau est convexe, charnu, d'un blanc sale ou
roussâtre. Il croît sur les vieux troncs de saules aux environs de Montpellier; en octobre,
on mange ce champignon qui est connu sous
le nom de *Pivoulade*. Decand.

4. AGARIC PAILLET, Thore; vulg. *Jahu-
quère*, ou *Aloumeres* (A. alborufus).

Son chapeau est mamelonné à tout âge,
lisse et d'un blanc roux, large de trois pouces. Ses feuillets sont d'abord blanchâtres,
et roux en vieillissant, décurrens. Son pédicule est grêle, lisse, blanc, un peu courbe
à sa base, cylindrique.

On trouve ce champignon aux environs de
Dax, au printemps et en automne, par groupes
très-nombreux au pied des sureaux. Il a une
odeur très agréable et un goût douceâtre; il est

très-recherché par quelques personnes. *Thore.*

5. CHAMPIGNON DE COUCHE, Champignon *co-mestible*, Bull. p. 63o, t. 134 ; Agaricus *campestris*, Lin. Schæff. t. 33 ; le Champignon de couche franc, Paulet, *Traité*, p. 266. *Prataiolo* des Italiens.

Cette espèce qui a par excellence le nom de *champignon*, même dans quelques langues étrangères, est si connue qu'il n'est point nécessaire d'en donner une description. C'est elle dont l'économie domestique fait le plus généralement usage, et c'est la seule que l'on soit parvenu à cultiver comme les autres plantes. Cependant les individus que l'on ramasse dans leur lieu natal, les collines, les prairies, les bois et autres lieux découverts, surtout les prés où les chevaux pâturent, ont plus de parfum, leur chapeau est d'un brun plus foncé, et les squames y sont plus distinctes ; mais il paroît que la culture donne plus de chair au corps du champignon.

Quelques botanistes regardent le suivant comme une espèce distincte, et j'avois suivi leur exemple dans mon *Synopsis fungorum*, mais il semble en être seulement une variété ou tout au plus une sous-espèce du champignon ordinaire, dont il diffère par la couleur du chapeau qui est d'un beau blanc et qui n'a presque pas d'écailles ou des squames; au reste, en voici les noms et la description :

6. Agaric boule-de-neige, ou *Champignon des bruyères*, Paulet, *Traité*, p. 285; Agaricus *arvensis*, Schæffer, t. 310 et 311; Agaricus *edulis*. Bulliard, t. 514. *Prataiolo maggiore bianco buono*, en Piémont.

Ce champignon, dit M. Paulet, est d'un blanc de neige lorsqu'il est frais, avec des feuillets couleur de rose tendre, quelquefois lilas; sa peau est toujours unie, fine, et n'est point sujette à s'écailler; à mesure que son chapiteau s'étale, son voile se déchire pour former le colet; sa surface finit par roussir ou jaunir, et ses feuillets par noircir. Il forme alors un plateau horizontal. Toute la plante a une odeur et une saveur de cerfeuil, et son parfum, bien plus agréable que celui du champignon de couche, le fait rechercher de préférence; il est d'ailleurs plus fin, plus tendre, plus délicat, et si léger sur l'estomac, qu'on peut le manger cru sans en être incommodé.

On le trouve dans les bosquets frais et parmi les bruyères et les fougères, ainsi que dans des bois, aux endroits découverts, en automne.

Remarque. Les hommes peu instruits ont souvent fait une funeste méprise en prenant pour ce champignon l'*Agaric bulbeux*, dont nous avons donné une description détaillée, en faisant observer que celui-ci a son pédicule très-renflé à sa base en forme de bulbe à laquelle est attachée le volva, dont les débris restent sur le chapeau comme des verrues que l'on peut facilement enlever, et que les feuillets sont blancs dans toute la durée de ce champignon, tandis que le champignon de couche n'a point une bourse ni un pied bulbeux, et qu'il est toujours au-dessous d'une couleur rose ou vineuse, d'abord tendre et ensuite plus foncée, et à la fin d'un brun noirâtre.

On pourroit aussi confondre avec la première variété du champignon *comestible*, qui a des squames et quelquefois des poils brunâtres sur le chapeau, l'Amanite *rougeâtre* (Amanita rubescens), ou Agaricus *verrucosus*, Bulliard, tab. 316, très-commun dans nos bois et dans les parcs, au pied des arbres, d'autant plus que cette espèce a d'abord la même saveur, mais qui devient ensuite très-astringente, et qu'il a un chapeau aussi brunâtre, mais couvert de plaques grises ou d'un blanc rougeâtre, irrégulières, un peu farineuses et assez larges (mal rendues dans la planche de M. Bulliard), et non des écailles imbriquées ; d'ailleurs ce champignon a un volva comme ses congénères, et des feuillets très-blancs.

Manière d'apprêter le Champignon de couche.

M. Paulet en a décrit plusieurs ; voici, d'après lui, celles qui sont les plus usitées.

1. *Champignon sur le gril, au beurre ou à l'huile.* La manière la plus simple, celle qui exige le moins d'apprêts, et qui est peut-être la meilleure, consiste à éplucher les champignons, c'est-à-dire à leur enlever leur peau lorsqu'ils sont un peu grands, à leur ôter leur tige, et à les mettre cuire sur le gril avec un morceau de beurre, du poivre et du sel ; c'est l'affaire d'une demi-heure au plus avec de bon feu.

2. En *fricassée de poulet.* Après avoir épluché et coupé les champignons, s'ils sont trop grands, on les lave à l'eau froide et on les passe à l'eau bouillante ; ce qu'on appelle *blanchir,* cela les ramollit un peu et leur ôte une partie de leur parfum trop fort ou trop âcre

pour certaines personnes. Pour leur donner de la fermeté, on les remet dans l'eau froide et on les essuie bien, après quoi, on a un morceau de beurre fin qu'on fait fondre dans une casserole sur le feu, on y ajoute les champignons qu'on mêle bien avec le beurre pour qu'ils s'en imbibent, ce qu'on appelle *faire revenir*. Les uns alors dans la vue de lier la sauce, y ajoutent une pincée de farine qu'ils font cuire avec les champignons, après quoi ils les mouillent, soit avec de l'eau tiède, soit avec du bouillon du pot. D'autres les font cuire de même, mais sans addition de farine, et en les assaisonnant tout simplement avec le persil, le poivre et le sel. Lorsqu'on doit en retirer le persil, on le met en bouquet. Quand ils sont cuits, on fait, en les retirant tout bouillans et hors du feu, une liaison avec des jaunes d'œufs délayés dans l'eau ou bien avec de la crème. La sauce alors est rarement blanche; pour la blanchir, on ajoute à la liaison une ou deux tranches de citron sans écorce.

Quant à la *Boule de neige*, sa cuisson exige bien moins de temps et d'apprêts; il suffit, après l'avoir épluchée et coupée par morceaux, de la mettre sur le plat avec du persil, du sel et du poivre et un peu de beurre, sur

(197)

un feu vif ; c'est l'affaire d'un quart d'heure : on lie la sauce avec des jaunes d'œufs. On peut aussi l'apprêter de tout autre manière ; elle est toujours agréable à manger et plus légère sur l'estomac que le champignon ordinaire.

On préfère, pour l'usage, le champignon très-jeune ; lorsque ses feuillets brunissent, il faut le rejeter. Quelque innocens que soient en général ses effets sur le corps animal, on ne peut dissimuler qu'il ne convient pas à tous les estomacs, qu'il altère, échauffe même un peu, et qu'il peut nuire par la quantité, causer des indigestions, ou les troubler d'une manière sensible, surtout lorsqu'il n'est pas bien choisi ou que ses feuillets ont commencé à prendre une teinte brune. Dans cet état, il peut déranger un peu l'estomac, causer même le dévoiement et de légères coliques On observe encore qu'il a une vertu légèrement aphrodisiaque. Lorsqu'il pèse sur l'estomac ou qu'il occasione des rapports, j'ai éprouvé qu'un filet d'eau-de-vie dans un verre d'eau était un moyen efficace d'en faciliter la digestion.

** *Des Agarics ayant un cortina, ou un collier filamenteux ou soyeux.*

7. AGARIC TURBINÉ, *Agaricus turbinatus*, *Syn. fung.*, p. 294. Bull., t. 110.

Cette espèce que l'on trouve dans les bois, mais moins communément, est grande et croît solitaire; son chapeau est très-charnu, d'abord convexe et ensuite un peu aplati, il est de couleur fauve ferrugineuse, et un peu visqueux pendant un temps humide; les feuillets sont jaunes; le pédicule est bulbeux et pourvu d'un collet arachnoïde brunâtre. Le goût n'en est pas désagréable.

8. AGARIC-MARRON, *Agaricus castaneus*, Bull. t. 268 et t. 527, f. 2; la *Pelure d'ognon*, Paul. p. 201.

Cet Agaric est très-commun en été et pendant tout l'automne, et facile à connoître des autres espèces de cette division par sa couleur bistrée ou de châtaigne. Il est aussi plus petit que les autres, et croît par terre au pied des arbres, ou ailleurs dans un terrain sablonneux. Le chapeau est convexe ou campanulé, large de deux pouces, peu charnu, glabre. Les feuillets sont assez larges et se détachent facilement du stipes; celui ci est long de trois pouces, assez mince, et un peu soyeux sur la surface, d'un beau clair, même quelquefois presque blanchâtre, mais tirant sur le violet-pourpré; il est creux en dedans.

Cette espèce, ainsi que la précédente, n'est nulle part annoncée comme alimentaire ; cependant elles ont toutes deux une saveur agréable, et je les crois salubres. D'après Allioni (*Flora Pedemont.*), on mange aussi en Italie l'Agaricus *violaceus*, Sch. t. 3, ou A. violaceocinereus, *Syn. Fung.* p. 279 ; et l'*Agaric. violaceus*, L. Bull. t. 598, est aussi, selon Micheli, (*Gen. Pl.* p. 149, t. 74, f. 1.) esculent dans ce pays : ils sont de la même division. •

*** *Le pédicule nu ou sans collier et sans cortine.*

9. Agaric fusiforme , Agaricus *fusipes* , *Syn. Fung.* p. 312 ; Agaric *pied-fu.* Bull. t. 516, f. 2 ; A. *crassipes* , Schæff. t. 87 et 88 ; le *Chénier ventru*, Paulet, p. 143.

Ce champignon , presqu'un des premiers qui paroît après des pluies, dans l'été et en automne, vient par touffes au pied des arbres et sur des vieilles souches. Il est facile à connoître par sa couleur uniforme d'un brun foncé ou marron, par sa substance ferme un peu coriace, et surtout par ses tiges en forme de fuseau, et un peu sillonnées, rétrécies à leur base : il est partout glabre ; ses feuillets sont au commencement blanchâtres, et deviennent d'un bistre clair, ils se détachent spontanément du pédicule. Allioni le met au rang des bonnes espèces, et on peut s'en servir sans aucun inconvénient : il a même le goût du champignon de couche, quoiqu'un peu plus prononcé.

10. AGARIC RUSSULE. Agaricus *Russula*. Syn. Fung. pag. 338. Schæff., t. 58, Agaricus pectinatus. Bull., t. 509. f. 3.

C'est une espèce assez belle, grande et d'une substance ferme. Le chapeau est large de trois à quatre pouces, un peu convexe, avec de petites écailles granuleuses, d'une couleur rougeâtre ou rose foncé. Les feuillets en sont blancs, inégaux en longueur et en largeur ; son pédicule est blanchâtre, ou teints de couleur de rose.

On mange ce champignon en Allemagne, surtout à Vienne, comme le champignon de couche dont il a la saveur ; mais il faut le distinguer avec beaucoup de précaution des Agaricus *roseus* et *emeticus* qui sont d'une qualité très-délétère, et dont nous donnerons bientôt la description. Il suffit de dire que notre Agaric-russule, indépendamment de ce qu'il n'a point la saveur âcre, s'en distingue aussi essentiellement par ses feuillets qui ne sont pas de la même longueur que ceux de ces deux Agarics.

11. **Agaric Mousseron.** Bull., *Histoire des Champignons*, t. 142, p. 580. Agaricus *Mouceron*, Trattinnick, *Champignons d'Autriche*, pag. 99, t. 10. A. *Pallidus*, Schæff., Fung., t. 50. (ex Bulliard.) Le *Mousseron gris*, Paulet, pag. 205.

Le Mousseron se montre déjà dans le courant du printemps, surtout après des pluies de quelque durée, sur les pelouses et sur les bords des bois. C'est un champignon très-charnu, et fait, pour ainsi dire, pour servir d'aliment. Il est d'un blanc sale, tirant sur le pâle, et quelquefois sur le gris. Le chapeau en est très-convexe et même bombé, un peu ondulé et glabre; les feuillets sont étroits, serrés, blancs. Le pédicule est assez court, cylindrique, enfoncé en partie dans la terre, long d'un pouce et demi, sur un demi-pouce en largeur. La substance est épaisse, cassante et blanche; l'odeur de cette espèce est fort agréable, et plus forte que celle du champignon de couche ; mais la saveur, quand on mâche une partie du Mousseron cru, est moins agréable.

On le trouve aux environs de Paris, près Neuilly-sur-Marne. Il est plus commun dans les départemens méridionaux de la France, où on en consomme une grande quantité.

La description que je viens de donner de ce champignon, diffère un peu de celle des auteurs; par exemple, Bulliard dit des feuillets, qu'ils sont un peu décurrents, d'abord blanchâtres, puis d'une teinte cendrée, tirant sur le bistre. Selon M. Thore, le chapeau est jaunâtre, et les feuillets sont d'un incarnat pâle et légèrement décurrents.

Il paroît qu'il y a plusieurs Agarics confondus sous le nom de Mousseron, ou que l'on a décrit le Mousseron sous des noms différens (1). Il est à désirer qu'ils soient tous bien figurés, car la figure donnée par Bulliard n'est pas très-exacte; quoi qu'il en soit, comme ce sont des champignons de très - bonne qualité, nous allons transcrire, en abrégé, les descriptions de quelques autres Mousserons, qui se trouvent dans l'ouvrage de M. Paulet.

____

(1) Un Agaric rare et délicieux, dit M. le professeur Balbis, dans une de ses lettres, c'est le Mousseron de Bulliard, qui correspond à l'*A. Prunulus* des auteurs; j'ai trouvé ce champignon sur les montagnes de la vallée de Stafora, vers Bobbio, on le nomme *Spinaroli*. On le mange frais avec une sauce très-relevée, mais on le fait aussi sécher et on le vend de douze à quinze fr. la livre.

12. Le mousseron d'armas, ou Macaron des prés. Paulet, pag. 205.

« Cette espèce, qui est très-commune en Italie, où on l'appelle *Berlingozzino de prati*, est un petit Mousseron qui n'a guère plus d'un pouce de hauteur sur autant d'étendue, et qu'on trouve dans les friches, surtout en Provence et dans le Comtat Venaissin, où on le connoît sous le nom de *champignons d'Armas*. Sa couleur est d'un gris roussissant, et celle des feuillets et de la tige d'un blanc sale. Toute la plante se conserve bien ; elle est fort recherchée pour l'usage : ceux qui en font commerce la vendent sous le nom de champignons d'Armas. » *Paulet.*

13. Le mousseron blanc. Paulet, p. 207. Agaricus *albellus*. Decand., *Essai*, p. 437 ?

« C'est un petit Mousseron tout blanc qui croît au printemps, et dont le parfum annonce la présence. Quand il est naissant, c'est comme un bouton de soutane ; il grossit en tout sens, au point de monter à la hauteur d'un pouce. »

C'est le Mousseron le plus fin, le plus délicat, le plus léger sur l'estomac, et le plus estimé que l'on connoisse. On le trouve aux environs de Noyon, de Compiègne, en Franche-

Comté, en Champagne, et surtout près de Montbelliard. *Paulet.*

« L'Agaricus *albellus* est connu dans presque toute la France sous les noms de *Mousseron*, *Mousseron blanc*, ou *Champignon muscat*, à cause de l'odeur musquée qu'il conserve lorsqu'il est sec. *Decand.*

14. AGARIC ORCELLE. Agaricus *Orcella*. Bulliard, *Champ.*, pag. 519, t. 59 et 573, f. t. A. *Prunulus*, Syn. Fung., pag. 437. Prugnolo des Toscans. Agaricus albellus. Schæff., Fung., t. 78.

Il est fréquent vers l'automne dans les bois, sur les bords des chemins, dans les forêts, quelquefois aussi dans les pâturages. Il croît par groupes, et il forme aussi, d'après les observations de Bulliard, des rangées symétriques sur la terre. Le chapeau est blanchâtre, ou un peu grisâtre ; par un temps sec, d'un blanc mat, comme la peau d'un gant, mais pendant les pluies un peu visqueux : il est d'abord convexe, ensuite un peu déprimé, large de deux ou trois pouces. Les feuillets, qui sont au commencement presque blanchâtres, deviennent à la maturité, roussâtres ou couleur de chair, ils sont très-serrés et un peu décurrents. Le pédicule est court, solide, épais et velu vers la base ; mais ce qui fait connoître facilement cette espèce, c'est l'odeur forte de farine qu'elle exhale, étant fraîche.

D'après Bulliard le pédicule est quelquefois excentrique, ou a une direction oblique, et il est de couleur bistrée. Le chapeau a quelquefois aussi une légère teinte bistrée, ou bien il est d'un bistre roussâtre, quelquefois il est marqué de taches ou de petites lignes de couleur bistrée, qui sont disposées par zones.

15. AGARIC OREILLETTE. Agaricus *Auricula.* Dubois, *Flore d'Orléans*, pag. 168. Decand., *Flore Française*, v. 6, p. 48.

« Son pédicule est court, plein, blanchâtre, cylindrique ; son chapeau est rarement bien arrondi, d'un gris plus ou moins foncé, et un peu roulé en ses bords, ses feuillets sont blancs, décurrents sur le pédicule. Ce champignon a un bon goût, se dessèche aisément, et ne se pèle pas ; il est commun en automne sur les pelouses aux environs d'Orléans, où on le mange avec confiance. » *Decand.*

16. OREILLE DE CHARDON. Paulet, *Traité*,

t. **2**, p. 133. Agaricus *Eryngü*. Magnol. Mich.,
Gen. pl., p. 151, t. 76, f. 2.

Cet Agaric est tardif, du moins dans ce pays,
car on ne le rencontre qu'au mois d'octobre;
il a cela de particulier, qu'il croît sur les racines mortes du Panicaut (Eryngium campestre. Linn.) Son pédicule est court, ferme,
blanchâtre, et tantôt central, tantôt excentrique; ses lamelles sont décurrentes et blanches ; son chapeau est charnu, un peu enfoncé
vers l'époque de la maturité, lisse, et d'un
roux pâle, large de deux à trois pouces.

Il porte plusieurs noms, tels que ceux de
Ragoule, *Gingoule*, *Boulingoule*, « tous noms
dont la terminaison, qui est celle du mot *gula*
des Latins, annonce qu'il est bon à manger. »
Paulet.

17. Oreille de houx, ou la grande Girolle.
Paul., *Traité*, p. 132. Agaricus *Aquifolii*.

Cette espèce, dit M. Paulet, est remarquable
par sa belle couleur de buis tendre, par sa taille
qui est de quatre à cinq pouces de hauteur, sur
autant d'étendue au chapiteau, par sa surface
douce au toucher, et par sa chair tendre, et
qui a, y compris les feuillets, de sept à huit
lignes d'épaisseur. La tige est d'une substance

sèche, ferme et fibreuse : elle est un peu aplatie et d'un à deux pouces de diamètre ; tout le champignon, d'une chair fine et délicate, a un parfum agréable ; c'est un des meilleurs qu'on connoisse. On trouve ce beau champignon, en automne du côté de Champigny, sous le houx.

Remarque. Je crois devoir signaler, dans cet endroit, un champignon très-vénéneux qui porte aussi le nom d'*oreille*, c'est

L'*Agaric de l'olivier*, Agaricus *olearius.* Decand., *Supplém.*, pag. 44, ou Oreille de l'olivier. Paulet, *Traité*, p. 112, qui est très-connoissable, dit M. Decandolle, à sa vive couleur d'un roux doré, et qui naît par touffes rarement solitaires, sur les racines à fleur de terre des oliviers, quelquefois aussi sur celles des autres arbres ou arbrisseaux ; il est très-variable et attaché par un pédicule court et latéral ou excentrique, rarement central, courbé et plein ; sa chair est filandreuse. Ses feuillets sont très-décurrens. On assure que lorsqu'il se gâte, il jette une lumière phosphorique.

18. Agaric d'yeuse. Agaricus *ilicinus.* Decandolle, *Flor. Supplém.*, p. 48.

« Le pédicule de ce champignon est aminci

en pointe fine à sabase, renflé au-dessus, presque cylindrique au sommet, glabre, roussâtre, plein ou un peu fistuleux ; les feuillets sont d'un roux-pâle, adhérens, mais non décurrens sur le pédicule ; le chapeau, d'abord convexe, devient presque plane ; il est sec, glabre et d'un roux fauve. Il croît par touffes de dix à douze individus sur de vieilles souches, au pied des chênes verts, près Montpellier, et est un de ceux qu'on y mange sous le nom de *Pivoulade d'eouse*, mais on mange seulement le chapeau, et non le pédicule qui est trop coriace. » *Decand.*

19. Le faux-mousseron. Agaricus *pseudomousseron*. Bull., *Champ.*, p. 578, t. 526, Agaricus pratensis. Sowerby, t. 127. A. Oreades. Bolt., Fung., t. 151 ? A. collinus. Syn. Fung., p. 350. A. tortilis, Decand., le *Mousseron godaille*, ou *de Dieppe. Paulet.*

Ce champignon n'est point rare à la fin de l'été dans les pacages, parmi les gramens, et dans les endroits découverts des bois, où il vient par petits groupes. Il se fait remarquer par une odeur agréable : aussi est-il recherché pour l'usage, et connu sous le nom de *Mousseron pied-dur*, ou *Mousseron d'automne* ; cependant on l'estime moins, parce que sa chair

est beaucoup moins abondante et peu tendre.
La couleur est d'un jaune pâle, tirant sur le
roux. Le chapeau est seulement large d'un
pouce et demi à deux pouces, et mamelonné
au centre; le stipes a à peine deux à trois lignes
de diamètre, il est tenace, et a une racine
assez longue.

« Ce Mousseron se conserve bien, donne un
goût délicieux aux sauces, et n'incommode
point; lorsqu'on veut bien en parfumer les
sauces, il n'exige pas une longue cuisson : son
parfum très-volatil finiroit par se perdre. »
Paulet.

20. AGARIC SUAVE. Agaricus *suavis*. Agaricus *infundibuliformis.* Bull., p. 510, t. 553.
(médiocre.)

On rencontre cette espèce de bonne heure,
vers le milieu de l'été jusqu'en automne, ordinairement dans la société du chanterelle;
elle est commune aux environs de Paris : l'o-
deur en est forte, mais agréable comme dans
l'espèce qui précède, de laquelle pourtant elle
diffère suffisamment par le chapeau ombiliqué
et en forme d'entonnoir, large de deux à trois
pouces, de couleur d'un jaune-pâle.

Le pédicule adhère aux amas de feuilles sè-

ches par une sorte de racine velue, il est renflé vers sa base, plein et blanchâtre. Les feuillets sont étroits, décurrents et également
blancs. Les individus croissent solitaires ou
épars.

21. L'AGARIC ANISÉ, Agaricus *anisatus*. Syn.
pag. 523. Agaricus odorus, Bull., pag. 567,
t. 556, f. 3.

Parmi les Agarics, celui-ci exhale peut-être
l'odeur la plus agréable qui ressemble tout-à-
fait à celle d'anis, principalement par un temps
sec. C'est un champignon d'une grandeur
moyenne. La couleur en est d'un gris verdâtre : les feuillets sont un peu décurrents ; le
pédicule, assez épais, s'attache aux feuilles
tombées et séchées par une villosité dense.

20. AGARIC JOZZOLE. Agaricus *jozzolus*. Scopoli Flor. *Carn.* 2, p. 451. Agaricus ebur-
neus, Bull., t. 551. Syn. Fung., p. 364.

D'après M. Decandolle, on mange en Italie
cette espèce, où elle est connue sous le nom
de *Jozzolo*. Voici sa description.

Elle est d'une dimension assez grande et
entièrement blanche ; le chapeau est convexe et
lisse sur ses bords, visqueux pendant un temps

humide, et large d'un à deux pouces ; les feuillets sont un peu décurrents sur le pédicule,
qui est long et couvert, vers le sommet, de
très-petiles écailles : caractère qui est propre
à cette espèce.

On trouve ce champignon en automne dans
les bois : cependant il est assez rare ; mais un
autre qui lui ressemble en quelque sorte, et
qui est très commun dans nos environs, est le
suivant : l'*Agaric à tête blanche*, Agaricus
leucocephalus. Bull., t. 536, qui, quoiqu'il
soit aussi blanc que le premier, devient pourtant un peu jaunâtre sur le disque du chapeau.
Les feuillets en sont très-peu décurrents ; mais
ce qui fait la différence de cette espèce avec
la précédente, c'est l'amertume extrême qu'on
remarque dans celle-ci, et qui indique une
mauvaise qualité.

25. L'AGARIC VIERGE. Agaricus *virgineus*.
Syn. Fung., p. 456. A. clavæformis, Schæff.,
t. 252 et 307. Agaricus ericetosus, Agaric de
bruyères. Bull., p. 523, t. 188 et t. 551, f. 1.

Ce champignon est commun vers la fin de
l'été sur les collines gramineuses, dans des pâturages et sur les bords des bois, où il croît par
petites peuplades. Il est entièrement blanc,

mais devient quelquefois un peu pâle, surtout après des pluies de longue durée. C'est une espèce assez petite, ayant la forme d'un gros clou ou d'une petite massue; les lamelles descendent jusqu'à moitié de son pédicule, qui s'amincit sensiblement vers sa base; le chapeau est d'abord convexe; mais étant adulte, il se déprime un peu, alors la marge, qui est striée, se roule en dedans.

Ce petit champignon est, d'après M. Decandolle (*Essai sur les propriétés des pl.*, p. 337.), alimentaire dans quelques parties de la France, où il porte le nom de *Petite oreillette*, et d'après Bulliard on le mange dans quelques campagnes sous le nom de *Mousseron*.

24. AGARIC FICOÏDE. *Agaricus ficoïdes*. Bull., *Champ.*, p. 526, t. 587, f. 1. A. pratensis. Sy. Fung., p. 304.

Cette espèce, d'une forme agréable, se trouve, avec la précédente, dans des endroits découverts, sur les pelouses. Elle est d'une consistance ferme, d'une couleur de brique clair, qui donne à sa chair une teinte roussâtre; les feuillets sont décurrents, épais et arqués, d'une couleur plus claire que celle du

chapeau; celui-ci est d'abord arrondi, et devient ensuite turbiné et aplati. Il s'en trouve
une variété à chapeau cendré, dont la saveur
est moins agréable.

Remarque. Je ne trouve pas ce champignon mentionné parmi les comestibles; mais
comme il a la saveur comme celui de couche,
et qu'il croît dans des lieux exposés au soleil, je ne doute pas qu'il puisse servir au
même usage, ainsi que le suivant.

25. AGARIC PILÉOLAIRE. Agaricus *pileola-
rius*. Bull., t. 400. Agaricus geotropius. Bull.,
p. 521, t. 573, f. 2. A. nebularis. Syn. Fung.,
p. 349. Batsch. Elench. Fung., f. 193.

Cet Agaric se montre assez communément
dans les forêts, surtout dans celles de pins, pendant tout l'automne, jusqu'au mois de novembre; il a une forme bien distincte et bien tour-
née, et une consistance compacte. Il est glabre,
et suivant le temps, d'un pâle-grisâtre; le stipes,
à proportion du chapeau, est fort et long, un
peu bulbeux dans le premier âge. Les feuillets sont d'un blanc tirant sur le pâle, et un
peu décurrents; le chapeau a un mamelon
très-large, d'où vient son nom trivial. « Il est

très-agréable au goût, et a l'odeur du champignon comestible, lorsqu'il est jeune. » Bull.

26. Agaric en forme de clou. *Agaricus
Clavus.* Schæff., t. 49. *Nagel-shwaemme*
des Allemands. *Agaricus esculentus.* Jacquin,
Miscellanea austriaca, vol. 2, p. 105, t. 14,
t. 4.

Feu M. l'abbé de Wulfen a décrit cette espèce dans l'ouvrage cité. D'après lui, ce champignon paroît au mois d'avril, et on le porte
alors au marché de Vienne en grande quantité; cependant c'est une espèce fort petite et
dégarnie, en comparaison de celles qui
sont comestibles. Le pédicule est de la largeur d'un pouce, et de la longueur d'une
ligne, et fistuleux; blanchâtre au commencement, et ensuite jaunâtre, tirant sur le brun.
Les feuillets sont blancs, assez larges et nombreux; le chapeau glabre, convexe, ensuite
plane, d'une couleur d'argile et même d'un
brun foncé. Ce champignon n'a presque pas de
saveur, et sans les assaisonnemens, il seroit
très-fade à manger.

27. L'oreille d'orme. *Agaricus ulmarius.*
Somerby. Fung., t. 67. Bulliard., *Champig.*,
p. 582, t. 510?

Celui-ci est une grande espèce d'un blanc sale, quelquefois grisâtre, dont le pédicule est un peu latéral, et suivant la position du champignon, même horizontal, long de trois pouces, sur presque deux pouces de diamètre, et très-ferme; les lamelles sont nombreuses et larges; le chapeau s'étend depuis quatre jusqu'à dix pouces. Sa chair, compacte et épaisse, a une odeur agréable.

On voit ce champignon parasite aux mois d'octobre et de novembre, principalement sur les troncs d'orme languissans, mais souvent au milieu et vers le sommet de l'arbre, de sorte qu'il n'est pas facile à récolter.

Remarque. L'Agaric *marqueté*, ou Agaricus *tessellatus*. Bull., p. 583, t. 513, f. 1, qui a de larges taches de couleur fauve, et un pédicule oblique et fort court, vient aussi sur les troncs des arbres languissants, et plus ordinairement sur celui du pommier; il est de la même nature que l'Agaric de l'orme : il n'y auroit donc aucun inconvénient de l'employer comme ce dernier.

28. **Agaric en conque.** Agaricus *ostreatus.*
Jacq., Flor. Austr., vol. 5, t. 288. Agaricus
dimidiatus. Bull., t. 3o8.

Ce champignon est assez grand et d'une
substance ferme et blanche. Il croît sur le
noyer, le hêtre et le chêne en touffes ; son chapeau est imbriqué et dimidié, plusieurs
individus sont réunis en un pédicule court.
Les feuillets sont décurrents et étroits à leur
base, où ils sont aussi souvent anastomosés ; la
couleur du chapeau et des feuillets est un peu
variable : il y en a de cendrés, de roux et
de noirâtres ou bistrés.

Il est alimentaire, et connu dans quelques
provinces sous le nom *d'oreille de nouret* ou
noiret, et *couvrose* dans les Vosges.

Remarque. Les espèces suivantes étant de
la même nature et de la même dimension,
peuvent aussi servir d'aliment.

L'Agaric *glanduleux*, Bull., t. 426, ne se
distingue guère du précédent que par des hou-
pes velues et glanduleuses, placées de distance
en distance sur la surface des feuillets que l'auteur a remarquées dans son champignon.

L'Agaric de *saule*, A. *salignus.* Syn. Fung.
A. *conchatus*, Bull., t. 296? a un chapeau
presque toujours simple, ou non imbriqué

des feuillets non anastomosés près le pédicule,
lequel est aussi velu. La couleur est jaunâtre
ou cendrée.

**** *Les Lactaires, ou les Agarics lactésiens ; les
Poivrés laiteux.* Paulet, *Traité*, p. 167.

« Les Champignons de cette famille se font
remarquer, non seulement par cette particularité qu'ils contiennent dans l'intérieur de leur
substance une liqueur laiteuse qui coule en
gouttes pour peu qu'on les entame, et qui pique
la langue comme du poivre ; mais par leur substance d'ailleurs ferme, cassante, leur surface
sèche et un peu rude au toucher, et par leurs
feuillets fins, de longueur inégale, enfin par
une tige en général courte. Ils se creusent pour
prendre la forme de soucoupe ou d'entonnoir.

Ces champignons, sans contenir de principe
délétère, peuvent nuire quand ils ne sont pas
corrigés par les moyens convenables ou par
leur quantité ; ils sont en général indigestes.
On les connoît dans les campagnes sous les
noms génériques de *Prevats* et d'*Eauburon*,
comme pour dire *poivre* et *eau boiront*, à cause
de leur saveur piquante, et de la disposition
de leur chapeau à retenir l'eau de la pluie. »
Paulet.

29. AGARIC POIVRÉ. Agaricus *piperatus* des auteurs. Agaricus amarus. Schæff., Fung., t. 83. Agaricus acris. Bull., p. 500, t. 558, f. 9, h: le *Laiteux poivré blanc*, Paulet, p. 164. *Fungo peporone* en Italie, *Auburon* et *Vache blanche* dans les Vosges.

Il se trouve partout en quantité dans les bois pendant l'été et l'automne. Il est entièrement blanc; cependant, en vieillissant, ses feuillets prennent une couleur de paille; le chapeau est déprimé dans son centre, glabre ou un peu tomenteux sur les bords : le pédicule est ordinairement court et épais; le suc blanc et âcre.

Lorsque le suc qu'il répand, dit M. Paulet, est sec et concret, il est entièrement soluble dans l'esprit-de-vin; la teinture qui en résulte est d'une couleur d'or, et en ajoutant de l'eau on la rend laiteuse.

« On mange ce champignon en Allemagne, en Russie, dans plusieurs parties de la France, et on n'a jamais observé qu'il eût causé des accidens. On corrige son âcreté avec le sel ordinaire, l'huile d'olive ou le beurre, le poivre; ainsi assaisonné, on le fait cuire sur le plat : je l'ai mangé plusieurs fois de cette manière sans

en être incommodé. J'avoue que ce n'est point
un mets délicat ; il est même un peu amer,
et lourd sur l'estomac : mais lorsqu'il est bien
cuit, et qu'on en mange modérément il n'incommode point. » *Paulet*.

D'après Bulliard, c'est principalement l'espèce suivante, qu'il regarde, ainsi que Paulet, comme une variété, dont on fait usage
dans quelques départemens.

30. LE POIVRÉ A FEUILLETS ROUSSATRES. Agaricus *acris*. Agaric âcre. Bull., t. 588, f., c,
d, e, f. Agaricus controversus. Syn. Fung.,
p. 430. A. Listeri Sowerby, t. 145 ?

Celui-ci vient aussi dans les bois et sur les
pelouses ; le chapeau est plus aplati, le bord
qui est velu, roulé en dedans, quelquefois
zoné, est un peu visqueux pendant un temps
pluvieux ; les lamelles en sont couleur de rose
ou d'un roux-clair, simples ou rameuses très-
serrées. Le pédicule est ordinairement court
et épais. Le suc laiteux paroît être plus brûlant. C'est une des grandes espèces d'Agarics.

« Ce champignon, dit Bulliard, qui a ses
feuillets très-multipliés et roux, est connu dans
la plupart de nos provinces sous le nom de

latyron, de *roussette*. Les habitans de la campagne en mangent avec profusion, cuits sur le
gril avec du beurre frais, de l'huile d'olive, du
poivre et du sel. Dans beaucoup d'endroits
voisins des grandes forêts, c'est une ressource pour l'hiver : on le confit dans du
vinaigre, du sel, beaucoup de poivre et d'ail,
à la manière du cornichon. »

31. LE LACTAIRE DORÉ. Agaricus *lactifluus
aureus*, Hoffm., Nomencl., Fung., p. 133.
Krapf., *Champ. comest.*, cahier 2, t. 1, f. 1-3.
Agaricus lactifluus, ruber. Trattinnick Fung.
aust., cahier 5, p. 145, t. 13. *Rougeole à lait
doux*. Paulet, p. 185. *Lattasolo dolce* en Italie.

Ce champignon croît au Hartz, en Bavière,
en Autriche et dans les Vosges (où on l'appelle
vache, à raison du suc lactiforme qu'il répand.)
Son stipes est d'une forme un peu variable et
d'une couleur-brun incarnat velouté; les feuillets jaunâtres; le chapeau est avant son développement globuleux, ensuite un peu écrasé,
mais mamelonné au centre, large de quatre
pouces et coloré d'un brun orangé. Il se vend
au marché de Vienne, et on le mange ordinairement cuit avec de la crême ou du beurre, en
y ajoutant du sel et des fines herbes.

Remarque. C'est peut-être l'Agaricus *lacti-*

flans de Linnée et de quelques autres botanistes, dont M. Tratinnick vante la bonne
qualité, et qu'il met au-dessus de tous les champignons comestibles; sous ce rapport on de-
vroit en distinguer, peut-être comme espèce, l'Agaricus *testaceus*, Scopoli, et du
Syn. Fung. qui paroît être le même que l'A-
garicus *dycmogalus* de Bulliard, t. 684, car
je lui ai trouvé une saveur et une odeur désa-
gréables. Cependant il est de toutes les espèces
de cette section la plus abondante en suc laiteux. La couleur du chapeau est celle de la
brique, ou plutôt de la cannelle : les feuillets
sont d'un ocre pâle, quelquefois d'un pâle
blanchâtre.

L'Agaric *laiteux doux*. Bull., t. 224. L'espèce la plus commune en est suffisamment distincte par sa couleur rougeâtre, laquelle est
presqu'incarnate dans les feuillets. Ce champignon a aussi une odeur forte, et son suc n'est
point insipide; il est un peu douceâtre, mais il
devient âcre, comme dans la totalité des espèces de cette famile.

32. AGARIC DÉLICIEUX. *Agaricus deliciosus.*
L. Schæff., Fung., t. 11. Sowerby, t. 202.
Lapacendro buono, et *Goccia liquore colore
di zaffrano* des Piémontais.

Cette espèce ne vient également que dans le nord de l'Europe : du moins elle y est très-fréquente, surtout dans les forêts de sapins ; elle croît souvent en groupes symétriques ; elle se distingue aisément de toutes les autres par son suc couleur orangé ou de brique. Le chapeau est d'un orangé pâle, d'abord glabre, il devient ensuite un peu tomenteux, se décolore, et prend souvent une teinte verdâtre, variée par des bandes concentriques ; la saveur est âcre et même un peu désagréable, elle se perd cependant par la cuisson. Peut-être l'espèce du midi de l'Europe est-elle différente.

Remarque. On ne doit pas confondre avec le précédent l'Agar. *theiogalus.* Bull., t. 567, f. 2, ou *Agaric laiteux à suc sulfurin,* commun aux environs de Paris, dont le lait est jaunâtre, et qui a aussi des zones sur le chapeau ; mais il est presque la moitié plus petit, glabre, pâle-incarnat, et d'une qualité nuisible. Il faut surtout se garder d'une méprise qui seroit funeste en employant l'espèce suivante :

L'Agaric meurtrier, de Bulliard, p. 489, t. 529, f. 2. Agaricus *torminosus,* Schæff., t. 12 ; très-fréquent en été et en automne dans tous les bois et parmi les gramens, mais facile à connoître par les bords du chapeau roulés en dedans, très-velus et frangés; la couleur est pâle, ou incarnate et même tanée; elle s'éteint vers la marge; le dessous du champignon est blanchâtre ou d'un jaune pâle; le suc est blanc et a quelquefois une légère teinte de jaune, il est très-âcre.

Bulliard dit à la page 491 de son ouvrage : Dans nos campagnes, où l'on fait un si fréquent usage de l'Agaric âcre ou poivré blanc, on regarde celui en question comme très-dangereux : on prétend qu'il fait mourir ou qu'il rend fou, et on le nomme par cette raison *Morton, Raffoult.*

Cette opinion de Bulliard est partagée par feu M. Pico (Melethemata, p. 138.) et quelques autres auteurs en Allemagne qui ont écrit sur les champignons comestibles; cependant M. Paulet, qui appelle cet Agaric le *mouton zoné*, est d'un sentiment contraire, car, dit cet auteur, « donné aux animaux il ne les incommode point. On le mange dans quelques campagnes, et l'ayant goûté cuit avec du beurre et du sel, je l'ai trouvé plus agréable que le poivré blanc, il ne m'a point incommodé; par conséquent l'épithète de *torminosus* donnée par Schæffer, ne lui convient pas. »

********* *Les Roussets ou Russula. Prévats et poivrés secs de Paulet.*

Ce sont des Agarics charnus, à chapeau aplati et déprimé, à bords sillonnés, ayant les feuillets tous de même longueur, et le pédicule presque toujours blanc et cylindrique, sans volva et sans collier. Ils ont presque tous une saveur âcre et désagréable, mais ils n'ont point un suc colorié comme ceux de la section précédente; on peut les comparer quant à leurs qualités et à leur couleur aux Amanites. Ainsi il sera prudent d'en faire usage avec beaucoup de circonspection.

53. Le rousset comestible. Agaricus vel Russula *esculenta.* Syn. Fung., p. 441. Krapf., *Champ.*, t. 5.

Cette espèce est d'une dimension assez grande et d'une consistance fragile. Il a le chapiteau déprimé et rouge, les feuillets épais qui sont jaunâtres, avec le pédicule. On la trouve plus fréquemment dans les forêts d'Allemagne, où elle est en usage, mais peu généralement.

54. Le rousset doré. Russula *aurea.* Syn. Fung., p. 442. *Obs. mycol.*, 1, p. 101.

Celui-ci ressemble beaucoup à l'autre, il est de la même consistance, et il croît dans le même pays, mais sa chair et son chapeau sont d'un beau jaune.

Remarque. Il est nécessaire d'en distinguer deux espèces que l'on rencontre, pour ainsi dire, à chaque pas dans les bois : ce sont les Agaricus *roseus* et *emeticus*. Le premier (Bull., t. 509, f. T.) est couleur de rose, et presque blanchâtre, à chapeau plus creusé ; il aime le voisinage des troncs, ou se trouve au pied de gros arbres ; l'autre (Bull., 509 2ᵉ.) est d'un rouge foncé ou sanguin, plus aplati, et à pédicule plus court ; il préfère les lieux ombragés et un peu humides : tous les deux sont blancs en dessous, et ont une saveur piquante.

Feu M. de Krapf, à Vienne, a fait sur ces deux champignons des expériences sur lui-même, par lesquelles il a constaté que ni l'ébullition, ni la déssication n'en diminuent pas la nature vénéneuse. Il a, dans ces recherches, risqué de perdre la vie, et il n'est parvenu à se sauver qu'en prenant des émétiques, et surtout en buvant beaucoup d'eau très fraîche ; cependant, M. Paulet (*Traité*, p. 178.) dit de ces mêmes champignons qu'en ayant donné à des animaux plusieurs fois, ils n'ont produit aucun effet sensible : mais il ajoute qu'aucune de ces espèces n'est recherchée, avec raison, pour l'usage.

Toutes les autres espèces assez nombreuses de ce sous-genre (*Voy*. la planche citée de l'ouvrage de Bulliard.) qui sont plus ou moins rougeâtres ou pourpre - violets et pâle-jaunâtres, ont, en les mâchant, un goût âcre et désagréable, et sont très - répandues dans les bois et les friches, où elles paroissent de bonne heure. On pourroit cependant en excepter le Russula *æruginosa* (Obs. mycol., 1, p. 103. Agaricus *virescens*. Syn. Fung., p. 447.) dont il y a une variété blanchâtre avec une teinte verte au milieu du chapeau (Bull., t. 509, f. m.) Cette espèce n'a pas la saveur piquante des autres, et on en fait le même usage en Allemagne : mais il faut bien se garder de la confondre avec l'Agaricus *furcatus*, ou Agaric *bifide* (Bulliard, t. 2.) qui est aussi verdâtre, duquel il se distingue par une sorte d'écailles farineuses sur le chapeau, lequel est aussi moins enfoncé, et par ses feuillets qui ne sont pas bifurqués, et dont quelques - uns sont plus courts que les autres. Il paroît que l'espèce suivante, dont on vante beaucoup la bonne qualité, et qui est très

en usage dans le midi de la France, est la même
que celle-ci.

38. Russule palomet, Thore. Agaricus *Palomet.* Decand. , Flor. Franç., 6, p. 49. Le
Mousseron palomette, Paulet, *Traité*, p. 208.

Cette espèce a le chapeau d'abord convexe et régulier; il se déforme ensuite peu à
peu, et se déprime au centre; elle a peu de
chair, à moins qu'elle ne soit très-jeune. La
superficie est sèche, et constamment aréolée,
c'est-à-dire marquée par des lignes qui se croi-
sent en divers sens, et qui forment ainsi des
petits polygones irréguliers; sa chair est
blanche et cassante. La couleur du dessus du
chapeau varie suivant l'exposition : cependant
elle est en général d'un blanc sale à la circonférence, et d'un vert gris, ou d'un vert d'œil-
let plus ou moins foncé au centre : ses feuillets
sont blancs, très-nombreux, presque tous
égaux en longueur.

On le trouve l'été et l'automne dans les bois
et les bordures boiseuses des champs, dans le
département des Landes, où il est vulgairement connu sous les noms de *Palomet, Irax-
chis* ou *Crusagne.* Thore.

Son odeur est très-agréable, sans être très-pénétrante ; son goût est exquis quand il est cuit. Il est servi sur toutes les tables, et il est bon à toute sauce. *Thore.*

III. Mérule. Chanterelle, *Merulius.* Champignon dont le chapeau est infondibuliforme, et garni en dessous de plis étroits ramifiés ou veineux.

1. Chanterelle ordinaire. Agaricus *cantharellus.* Linn. Merulius cantharellus. Syn., p. 488. Bull., t. 505. Lowerby, t. 40. *Girolle ordinaire.* Paul., *Traité*, p. 128, ou *Girolle, Chevrille, Jeaunelet, Mousseline* et *Cassine*, du mot gascon Casson, chêne; Th. en Italien *Galinattio.*

De tous les champignons comestibles, c'est celui-ci qui croît avec plus d'abondance, et se montre le premier dans toutes sortes de forêts. Il est d'une grandeur moyenne et facile à connoître par sa couleur d'un beau jaune, et par ses feuillets peu saillans et en réseau. La saveur est un peu poivrée, quand on le mâche cru.

C'est aussi un de ceux dont on fait le plus fréquent usage comme aliment, ou comme assaisonnement. Il y a des campagnes où les habitans en font presque leur unique nourriture. On l'accommode en fricassée, on le mange aussi cuit avec du beurre, de la graisse ou de l'huile, du poivre, du sel et des ognons. Il y a des personnes qui le font confire dans du vinaigre avec du poivre, du sel et de l'ail ; d'autres le font dessécher, et l'emploient dans toutes sortes de ragoûts. *Bulliard.*

On le mange aussi cru, mais cette manière d'en user occasione souvent de graves accidents, des coliques, etc.

Remarque. Le Merulius *aurantiacus.* Syn. Fung., p. 488. Miscellanea austriaca, p. 107, t. 14, f. 5, lui ressemble beaucoup par la couleur, mais il est pernicieux. On l'a trouvé, jusqu'à présent, seulement au Hartz, et dans la Carinthie. Il se distingue du vrai Chanterelle par son chapeau qui est plutôt convexe, et tomenteux ; les plis en sont orangés et non couleur du jaune d'œuf. Au reste, c'est une espèce tardive, et qui croît dans des lieux ombragés et humides, où elle a sans doute contracté sa nature délétère.

L'agaricus *cantharrelloïdes*, Bull., t. 505, f. 2, ou Merulius *nigripes*, Syn., p. 489, que l'on rencontre fort rarement, n'a ni la même odeur, ni la même saveur que le Chanterelle, et son pédicule est noir et mince.

IV. Bolet. *Boletus.* Champignon dont le chapeau bombé et épais est garni au-dessous de tubes cohérents, qui se séparent facilement de la partie charnue.

* Espèces à pédicule reticulé.

1. Bolet comestible. Bulliard, *Champig.*, p. 322, f. 494. Boletus *edulis.* Syn. Fung.. p. 510. B. bulbosus. Schæffer, Fung., t. 134 et 135.

Parmi les Bolets stipités et charnus, celui-ci est le plus grand et le plus utile, facile à connoître par son pédicule très-renflé, surtout avant le développement du champignon, d'où est probablement venu le nom françois *cèpe*, du mot latin *cepa*, renflé par le bas en manière d'ognon. Son chapeau devient souvent très-large, il est d'un jaune fuligineux, ou un peu brunâtre, quelquefois couleur de marron et sec; sa chair est blanche, assez compacte, et ne changeant pas de couleur en bleu; les pores sont d'abord blancs et imperceptibles, ensuite pâles ou d'un jaune clair-brunâtre; son pédicule est réticulé et bulbeux, d'un blanc roux ou brunâtre.

On trouve cette espèce dans tous les pays et dans tous les bois; il est assez fréquent depuis la

fin du mois de juillet jusqu'en septembre, selon
la température plus ou moins humide de l'été.
Elle est connue en France sous les noms de *bru-
guet, ceps, cèpe, gyrole, bolé, porchin, potiron*;
en Italie, sous ceux de *potello, ceppatello
scuro, ghezzo, pinuzzo buono, porcino*.

La saveur est très - agréable, et se rapproche de celle de la noisette : aussi on peut
manger ce champignon cru et à la poivrade,
sans aucun inconvénient, mais il faut choisir
les individus qui ne sont pas encore fort avancés, et en ôter les tubes et le pédicule qui est
un peu dur. On l'accommode de différentes
manières : voici celles qui sont le plus en
usage.

Manière d'apprêter le Bolet comestible.

On apprête ce champignon à la sauce blanche, en fricassée de poulet, ou bien on le fait
cuire sur le gril ou dans la tourtière, avec du
beurre frais ou de l'huile d'olive, du poivre,
du sel, des fines herbes et de la chapelure de
pain : quelques personnes y ajoutent du jambon et des anchois hachés; on en fait aussi des
beignets et d'excellentes crèmes; d'autres le
mangent aux ognons, qu'on fait roussir d'abord

sur le feu dans le beurre : quand ils commencent à roussir, on ajoute les champignons qu'on
achève de faire cuire. Au reste, on peut l'ac-
commoder de toutes les manières usitées pour
le champignon de couche.

Lorsqu'ils sont frais, on est généralement
dans l'usage de les passer d'abord dans l'eau
bouillante, et de les essuyer. *Bull.*

D'après M. Paulet, on en fait des coulis ou
soupes, en Hongrie, qu'on y mange avec plaisir. Pour cela, on les conserve, après les avoir
fait passer au four ou à l'étuve, on les fait revenir dans l'eau tiède, on se sert de cette eau,
dans laquelle on fait bouillir des rôties de pain ;
après un temps suffisant, on passe le tout pour
en faire un coulis épais, de consistance de pu-
rée, auquel on ajoute les champignons qu'on
fait cuire à part dans le beurre avec l'assaisonnement convenable.

Remarque. Il faut bien se garder de confondre un autre bolet à tubes rougeâtres, ou le
sanguin, qui se trouve aussi communément
dans les bois, et dont les noms botaniques sont
Boletus *luridus.* Trattinnick, Fung., t. 9,
f. 17. et B. *rubeolarius,* Bull., t. 490.

On peut facilement le reconnoître par ses

pores rougeâtres ou couleur de cinabre, et surtout par sa chair, qui est mollasse et se change, au contact de l'air, de jaune qu'elle étoit d'abord, en un beau bleu, et ensuite en noir.

M. Paulet appelle cette espèce *Ognon de loup*, et dit qu'ayant été donnée à un chien, à la dose d'une once, elle l'a beaucoup tourmenté, l'a fait vomir, lui a donné des tremblemens convulsifs, mais cet animal a fini par se remettre.

2. BOLET BRONZE. Boletus *æreus*. Bulliard, *Champ.*, v. I, p. 312, t. 385.

Ce bolet a, d'après Bulliard, son pédicule presque égal en grosseur, assez mince, et réticulé à sa surface. Son chapeau, ordinairement d'un brun noirâtre, accompagné d'une légère teinture de rouge, est fort épais : il a la chair ferme ; ses tubes sont courts et jaunâtres.

Il est connu dans plusieurs départemens sous les noms de *ceps*, *ou cèpe noir*, *champignon à tête noire*. Il est moins commun, surtout dans le nord de la France, que le précédent, et on le mange apprêté de la même manière.

3. BOLET BLANC. *Boletus albus*. Le Potiron

(254)

blanc. Paul., *Traité*, p. 382. *Cepatello buono bianco.* Michelli, Nov. gen. pl., p. 127, n. 2.

Cette espèce est, d'après Paulet, un cèpe haut d'environ quatre pouces, sur deux ou trois de diamètre au chapiteau et à la tige ; partout d'un blanc de lait en dehors et en dedans, mais dont la partie tubuleuse est d'une nuance de blanc différente (Micheli la dit pâle) ; sa pulpe ne change point de couleur lorsqu'on la coupe.

Toute la plante qu'on trouve en automne, dans la forêt de Sénart, a une saveur de bon champignon. Un de ces champignons du poids de deux onces deux gros, ayant été mêlé à quatre onces de pâtée, et donné à un jeune chien, a été mangé avec avidité, et ne l'a point incommodé. *Paulet.*

** *Espèces à pédicule couvert de petites écailles.*

4. BOLET ORANGÉ. Boletus *aurantiacus.* Bulliard, p. 320, t. 489, f. 2. Le *Fonge Orange.* Paulet, p. 383. *Lingua di leccio,* en Piémont.

Ce champignon, qui se plaît sur les bords des bois et dans les pays à bruyères, acquiert quelquefois une dimension considérable. Il a

un pédicule long et épais, cylindrique et blanchâtre, couvert de petites écailles rousses. Ses
tubes sont blancs, allongés et étroits; le chapeau bombé est couleur de brique, ou brun-
orangé; sa chair est épaisse, s'amollit facilement, et change un peu sa couleur blanche en
rouge.

Pour l'usage, on doit choisir les individus jeunes, dont la chair est plus ferme; on le
mange à la sauce blanche, on ôte la tige et la
partie tubuleuse (le foin), et on le met cuire
sur le gril avec du beurre, du poivre et du sel.

5. Bolet rude. Bull., p. 319, t. 489, f. 1,
Boletus *scaber*. Syn. Fung., p. 505. Boletus
bovinus. Schæff., t. 104.

Ce bolet est plus commun, et on l'aperçoit
de bonne heure dans toutes sortes de forêts. Il
a un pédicule hérissé de petites écailles noires,
assez minces, large et fuligineux. Le chapeau
qui est hémisphérique, varie de couleur : tantôt pâle, tantôt fuligineux, quelquefois brunâtre, ou d'un jaune sale, mais sa chair est un
peu mollasse, et ses pores sont blancs, et se
soutiennent au contact de l'air. La saveur en
est acidule. Les tubes sont d'un blanc sale, et

ceux qui entourent la sommité du pédicule sont plus courts. On peut l'apprêter comme le précédent, avec lequel il est souvent confondu sous les mêmes noms de *roussile* et de *girole*.

6. **Bolet circinal. Boletus** *circinans*. Syn. Fung., p. 505.

Il croît sous les sapins, où plusieurs individus se réunissent en une sorte de cercle. Le chapeau est charnu et un peu visqueux, d'un jaune pâle : sa chair ne change pas ; les tubes et les pores ainsi que le pédicule sont jaunâtres ; ce dernier est court, mince, et parsemé de petites aspérités noirâtres.

Ce Bolet n'est pas mentionné dans l'ouvrage de Bulliard, je l'ai cependant trouvé assez communément sur le gazon sous les pins à Trianon, près Versailles.

Remarque. Le Bolet *annulaire.* Bulliard, t. 352, ou Boletus *luteus.* Linn., le seul connu qui ait un collet ou anneau, a aussi une saveur acidule ; et sa chair, qui est épaisse et blanche, ne change point de couleur quand on l'entame ; on pourroit donc, je crois, s'en servir sans risque comme aliment. Mais ce champignon étant placé, par M. Decandolle, dans la liste d'espèces suspectes (*V.* son *Essai*), je ne veux point en conseiller l'usage. C'est, au reste, une espèce rare, et nous ne manquons pas de celles dont les qualités alimentaires ne sont pas contestées.

V. Polypore. *Polyporus.* Champignon dont le chapeau est un peu coriace, et garni de tubes ou pores, mais qui font corps avec leur chair, ou y ont une forte adhérence.

** Espèces à chapeau entier et à pédicule central.*

1. Le tubérastre. La *Truffe* ou *pierre à champignon.* Paulet, *Traité*, p. 561. Boletus *Tuberaster.* Syn. Fung., p. 514. Jacq., collect., austr. ; suppl., t. 8 et 9. Mich. N. gen. pl., p. 131, t. 71, f. 1.

C'est le fameux *Pietra fungaia* des Italiens, qui en font beaucoup d'usage ; la racine de cette *pierre à champignon* est une terre compacte, chargée du blanc de champignon. Cette racine, dit M. Paulet, est forte, tubéreuse, vivace, quelquefois d'un très-gros volume, on la trouve principalement dans le royaume de Naples. La forme est très-inégale. Il s'y forme des amas de terre et de pierre qui se lient ensemble, et croissent en un corps, qui est ferme et pierreux, lourd, ayant l'apparence d'une masse de terre solide.

Cette racine, lorsqu'elle est dans des circonstances favorables, c'est-à-dire sous l'influence de la chaleur et de l'humidité réunies et combinées, pousse tous les deux ou trois mois environ des champignons. On la transporte d'un pays à l'autre, sans qu'elle perde cette faculté reproductive; alors on la tient ordinairement dans les caves, et on l'arrose de temps en temps.

Nous y ajouterons ce que M. le comte de Borch a dit dans ses *Lettres sur les truffes du Piémont*, p. 10, de cette *pierre à champignon*.

« J'ai analysé la pierre même, et à la suite de mes observations je reconnus que c'étoit un tuf argilleux, car il contenoit beaucoup de particules calcaires entremêlées dans les molécules vitrifiables. Je me procurai un tuf de nature semblable, je le broyai. j'en fis une caisse au milieu de laquelle je plaçai une de ces pierres fongifères, et pendant une quinzaine de jours j'arrosai cette terre, qui étoit mêlée à un tiers, à peu près, de bon terreau noir de jardin, d'une eau dans laquelle j'avois

faitlaver des champignons de la nature de ceux
que ces pierres produisoient, et dans moins
d'un mois ma caisse se trouva couverte de
champignons de la même qualité. »

Les champignons qui en résultent sont, au
commencement, blanchâtres, et deviennent
d'un brun jaune. Le chapeau a la forme d'un
entonnoir médiocrement grand ; les pores et le
pédicule sont couleur de paille ; la saveur et
l'odeur sont celles des champignons ordinaires.

Les Napolitains accommodent ce champignon de la manière suivante : après l'avoir
cueilli le second ou le troisième jour de son
cru, ils le coupent en petites tranches qu'ils
font cuire dans du lait, à deux reprises, les
battent entre les deux cuissons avec un bois
plat, et enfin les font frire au beurre ou à
l'huile. *De Borch.*

On trouve des notices plus détaillées sur
cette espèce dans les *Voyages dans plusieurs
provinces de Naples*, par M. *Salis Marchlins.*
Zuric, 1793 ; et sur la manière d'élever ce
champignon, dans l'ouvrage de *Bettarra,
Fungorum agri Ariminensis Historia*, pag.
59-61.

2. POLYPORE BLANCHATRE. Boletus *ovinus.* Schæff., Fung., t. 121. Polyporus ovinus.

Le chapeau de ce polypore est blanchâtre et un peu enfoncé au milieu ; ses pores ont une teinte de citron : son pédicule est assez épais, cylindrique et blanc ; la consistance en est fragile. Ce champignon a le port d'un Agaric, et croît par touffes dans les bois de sapins d'Allemagne, où il est employé comme aliment.

3. POLYPORE ÉCAILLEUX. Boletus *subsquamosus.* Linn., Flor. Succ. Jacq.: p. 453, Collect. Austriaca, vol. 1, p. 342 et 544.

Cette espèce croît aussi dans les bois de sapins en Suède et dans la Carinthie. Elle est pâle-blanchâtre, d'une substance charnue et compacte ; son chapeau est large de quatre pouces ; la surpeau se détache en écailles, un peu semblables à celles du Hydne *imbriqué.* Les pores sont très-blancs, difformes et un peu flexueux : le pédicule est court et cylindrique, d'un blanc cendré.

D'après M. de Wulfen, on mange ce champignon dans la Carinthie, où il est connu sous le nom allemand de *Herrenschwamm.*

** *Espèces à pédicule latéral.*

4. BOLET PIED-DE-MOUTON. Polyporus *Pes capræ. Voy.* la planche 5.

M. Mongeot, médecin, à Bruyères, dans les Vosges, a découvert cette espèce nouvelle inconnue aux botanistes. Il m'en a communiqué un dessin et la description suivante :

Ce Bolet est un champignon terrestre, ayant un pédicule latéral, court, épais, simple ou divisé, d'une couleur vert-jaunâtre, supportant un ou plusieurs chapeaux arrondis, assez épais vers leur insertion avec le pédicule, d'une couleur bistrée noire : les bords sont réfléchis et ondulés; sa chair est ferme, blanchâtre et ne se noircit point à l'air; les tubes, qui ne se séparent pas du chapeau, sont larges, et de la même couleur que le pédicule.

Cette espèce acquiert un assez grand volume, lorsqu'il y a plusieurs chapeaux sur un même pédicule : il est comestible. On le trouve en été et en automne dans les forêts de sapins, autour de Bruyères; et il a reçu le nom de *pied de mouton noir*, pour le distinguer du pied de mouton blanc, qui est le Hydnum *repandum.* Linn.

(242)

Remarque. Le *Bolet du noyer*, Boletus *ju-glandis*. Bull., t. 19. Schæff., t. 101 et 102. B. platyporus. Syn. Fung. 521, ressemble pour la largeur de ses pores, et même pour la couleur du chapeau, au précédent, mais il a un pédicule horizontal qui est noir à sa base, et le chapeau est couvert de squames brunâtres : il ne vient, en outre, que sur les troncs des arbres, principalement sur le noyer, quelquefois sur le tilleul et sur les saules.

Malgré sa consistance compacte, qui par conséquent doit être d'une digestion difficile, et l'odeur très-forte et stupéfiante qu'il exhale lorsqu'il est frais, on le mange dans quelques pays, où il est connu sous différents noms, de *miellin*, *langou*, *oreille-d'orme*, etc.

5. POLYPORE EN BOUQUET. Coquilles en bouquet. Paulet, *Traité*, p. 120. Boletus *frondosus*. Syn. Fung., p. 520. Schæff., t. 227-229. Flor. Danica, t. 952. *Orcin* et *Barbesin* en Italie.

Ce polypore croît au pied des grands chênes, et a un volume, ou du moins une pesanteur plus considérable que tous les autres de ce genre : car l'ensemble qui est formé par la réunion d'une multitude de chapeaux imbri-

(243)

qués l'un sur l'autre, a la latitude d'un pied et demi, sur un de hauteur ; aussi un individu peut servir de nourriture à deux ou trois personnes. Mais ce champignon est un peu coriace, et ne peut pas convenir à un estomac délicat.

Chaque piléole a un ou deux pouces de largeur : il est un peu ridé ou tuberculeux à sa superficie, et d'un brun grisâtre ; ses pores et son tronc, auquel se réunissent les différens petits chapeaux qui sont dimidiés, sont blanchâtres.

« Cette plante, dont le poids est quelquefois au-delà de quarante livres, une seule pouvant suffire pour le repas de la plus nombreuse famille, a beaucoup de chair, une saveur et une odeur agréables de champignon : elle est aussi de bonne qualité, et bien loin d'incommoder ou d'être lourd sur l'estomac, elle semble rendre plus légers ceux qui s'en régalent. » *Paulet.*

Ce Bolet a, dans les Vosges, un nom singulier : on l'appelle *Poule de bois*, et *couveuse*, qui veut dire poule qui couve. (*Mougeot.*)

Remarque. Une espèce qui lui ressemble,

mais qui est différente quant à sa qualité, c'est le Boletus *imbricatus*. Bulliard, t. 5C6; car M. Bulliard dit de son Bolet « qu'il a été trouvé au mois de mai sur un des plus gros chênes de la forêt de Fontainebleau, et à une élévation de quarante pieds ou environ. Son volume et sa forme extraordinaire lui donnent sur l'arbre l'aspect d'un rocher, son poids étoit de trente livres; sa chair se réduit en pâte dès qu'elle est imbibée de salive : elle est un peu amère, et a une assez forte odeur de racine de gentiane. »

M. Pico, dans ses *Melethemata*, p. 112, parle d'une variété *blanche* appelée *Orgion*, qui est vraisemblablement une espèce distincte du B. *frundosus*, dont la pesanteur égale quelquefois cinquante livres, qui croît au pied des châtaigniers, et qui est très en usage en Italie.

Le Boletus *ramosissimus. Jacq.*, Flor. austr., t. 172., Schæff., Fung., t. 265-265, qui diffère de notre espèce, à laquelle elle ressemble au reste, par ses piléoles, qui ne sont pas dimidiés, et le Boletus *acanthoides*. Bull., t. 537, ou Bol. *giganteus*. Syn. Fung., p. 521, remarquable par sa largeur, mais qui est un peu flasque, peuvent pareillement être employés comme aliment, étant de la même nature que le Polypore en bouquet.

6. Savatelle - truffe. Paulet, *Traité*, p. 122.

« Cette espèce se manifeste surtout par une surface chagrinée ou granue, semblable à celle de la truffe noire, dont elle a d'ailleurs la couleur, le goût et le parfum, et par une petite taille, n'ayant guère plus de deux à trois pouces de hauteur sur autant d'étendue. La partie inférieure du chapeau est blanche, mais elle prend une légère teinte rousse par vétusté ; la tige qui est posée latéralement est blanche, la substance est blanche, ferme, cassante et de bon goût ; aussi cette plante est fort recherchée pour l'usage, et n'incommode point. Elle se trouve dans l'Angoumois, aux environs d'Angers, ainsi que dans le bas Languedoc. *Paulet.*

VI. Hypodrys. Champignon charnu et un peu gélatineux, dimidié, à pédicule latéral, dont les tubes sont séparés les uns des autres.

1. Bolet langue de bœuf. Fistulina *buglossoides*. Bull., *Champ.*, p. 314, t. 464 et 494. Bol. hepaticus. Schæff., Fung., t. 116-120.

Ce champignon, qui est le seul de son genre, est un des plus singuliers que l'on connoisse : sa substance est zonée, mollasse, fibreuse, rougeâtre, et ressemble à la chair des animaux, ou bien à la pulpe des betteraves cuites; son pédicule est court et épais : ses tubes sont d'abord blancs, et ensuite d'un jaune pâle, très-serrés; ils ne sont point adhérents entre eux, comme dans les vrais Bolets, mais isolés et un peu frangés à leur orifice.

C'est à cause de ce caractère que Bulliard a fait de ce champignon un genre à part que l'on peut admettre : mais j'ai préféré le nom d'*Hypodrys*, que Solenander lui a donné antérieurement, et qui veut dire champignon qui croît au pied ou sur des troncs de chênes, ce qui lui est particulier.

Il a différentes dénominations vulgaires, comme *foie de bœuf, langue et glu de chêne*. Les Italiens l'appellent *lingua di castagne*, ou simplement *lingue*.

« Ce champignon offre un aliment agréable et une ressource au besoin, un seul de ces Agarics pouvant fournir amplement de quoi faire un bon repas. On recherche pour l'usage ceux qui ne sont pas trop avancés, car alors ils ont leur surface trop visqueuse, et leur chair tend à l'état ligneux. Il y a deux principales manières de le manger, ou cuit sous la cendre et coupé ensuite par tranches avec une liaison, ou bien apprêté en fricassée de poulet. L'assaisonnement un peu piquant est toujours nécessaire, à cause de la viscosité lorsqu'il est un peu avancé. On a éprouvé que le vinaigre se marie mal avec cette espèce et gâte la sauce. » *Paulet.*

« A Vienne, en Autriche, on le coupe en petites tranches, et on le mange en guise de salade, avec la chicorée, et la mâche : on le fait aussi cuire avec de la viande de veau, en y ajoutant de la crême et du suc de citron. » *Tratinnick.*

VII. Hydne. *Hydnum.* Champignon dont le chapeau est garni en dessous de pointes longues en forme d'alène.

1. Hydne sinué. Hydnum *repandum.* Linn., Bull., p. 311, t. 172. Sowerby, Fung., t. 176. *Chevrotine chamois.* Paulet, *Traité*, p. 126.

Ce champignon est très-commun dans les bois pendant tout l'automne. Il est d'un jaune fauve ou roux, quelquefois blanchâtre ; il varie beaucoup dans sa forme, bien que, pour l'ordinaire, il soit arrondi et ondulé. Il est porté par un gros pédicule court qui est parfois latéral ; ses pointes sont fragiles, subulées, ou même comprimées : sa substance est ferme et cassante, et a un arrière-goût poivré et un peu acerbe.

Malgré cette saveur qui le rapproche cependant un peu de la Chanterelle, on le vend beaucoup en Autriche. On le mange aussi en France, où il est connu sous les noms d'*Eurchon*, ou *Rignoche*, et *Arresteron* (à Dax) qui signifie petit rateau en gascon, et sous ceux de *pied de mouton* et *barbe de vache* (dans les Vosges.) cuit sur le gril, ou d'une autre manière. M. Paulet dit « qu'après les avoir passés à l'eau bouillante, la meilleure manière de les apprêter, c'est de les faire cuire, sans les essuyer, à la graisse et au bouillon : ils sont meilleurs qu'avec le beurre, avec lequel ils sont un peu coriaces ; étant très-peu aqueux par eux-mêmes, ils ont besoin d'un véhicule liquide un peu abondant. »

Dans quelques pays, on emploie aussi de la même manière, mais moins généralement, le Hydne *écailleux* (Hydnum *imbricatum*. Lin.,

Schæff., t. 73.) ou la *chevrotine écailleuse ou grande chevrette*. Paulet, p. 127, qui est gris cendré, et qui a des écailles épaisses sur le chapeau. Les bêtes fauves en sont très-friandes.

2. Le Hydne blanc. Hydnum *album*. Stectherino, o dentino bianco, buono. Micheli, Gen. pl., t. 72, f. 2.

Cette espèce croît en Italie aux mois d'octobre et de novembre, dans les bruyères et dans les buissons. Elle est tout-à-fait blanche, épaisse et grande; son chapeau est ombiliqué, glabre, aux bords rabattus, et large de trois à quatre pouces.

Haller et Linnæus ont regardé ce champignon comme une variété du Hydne *écailleux*, qui est la neuvième espèce dans Micheli, mais il en diffère, outre sa couleur, par l'absence des écailles sur son chapiteau.

3. Hydne violet. Hydnum *violaceum*. Th. (Ined.)

Chapeau convexe d'abord, puis plein et légèrement déprimé au centre, quelquefois en entonnoir, très-évasé dans la vieillesse du champignon; la superficie brunâtre, peluchée, est marquée de zones concentriques et ondu-

lées; les pointes varient du violet bien prononcé, au violet purpurin, ou lie de vin.
On trouve une variété qui est d'un beau
violet des deux côtés : celle-ci habite les bois
de chênes, la première les bois de pins. L'une
et l'autre paroissent en automne sur la terre,
auprès de Dax.

Le goût et l'odeur sont très-agréables; la
chair cassante, tendre, ce qui prouve sa
bonne qualité, quoique ce champignon ne
soit pas recherché pour l'usage alimentaire.
(*Thore.*)

VIII. Hérisson. *Hericium.* Champignon dépourvu d'un chapeau analogue à ceux des
genres précédents, et ayant la forme d'une
clavaire, et qui est, excepté le pédicule, tout
hérissé d'aiguillons.

1. Hérisson coralloide. Hydnum *coralloides.* Syn. Fung., p. 565. Schæff., Fung.,
t. 142. Hydnum ramosum. Bull., *Champ.*
p. 507, t. 390.

Cette espèce est blanchâtre et d'une dimension assez grande; elle se divise en plusieurs
rameaux qui portent des pointes qui sont horizontales. On la trouve en automne sur des

troncs de chênes dans la Lorraine, en Suisse et en Allemagne. On s'en sert pour la table, et on l'apprête comme le champignon de couche, dont elle a le goût.

2. LE HÉRISSON ORDINAIRE. *Hydne-hérisson*, et Hydnum *Erinaceum*. Bull., *Champ.*, pag. 307, t. 54. Trattinnick. Fung., Austr., p. 191, t. 68. La houppe des arbres. Paulet, *Traité*, p. 424.

« Cet Hydne, dit Bulliard, est une des plus grandes espèces de ce genre; il est convexe, blanc d'abord, jaunâtre ensuite. Sa base charnue est tendre et hérissée de longs aiguillons qui pendent tout parallèlement, et se terminent par étages. »

Il croît en France, en Autriche, et probablement aussi ailleurs, sur des troncs de chênes, comme l'espèce dont nous venons de parler.

3. HÉRISSON TÊTE DE MÉDUSE. Clavaria *caput Medusæ*. Bulliard, *Champig.*, p. 310, t. 412.

On le rencontre également sur les bois morts, il est aussi blanc comme les autres espèces; mais il s'en distingue par ses divisions nombreuses, simples, allongées, grêles, qui ont pour base une masse charnue, plus ou moins considérable, et sur laquelle elles sont rapprochées en touffes. *Bulliard.*

On s'en sert comme aliment en Italie, où il est connu sous le nom de *Fungo Istrice.*

Remarque. Micheli, dans son *Genera plant.,* p. 122, t. 64, 1 f., a décrit et figuré une autre espèce de ce genre, qui est d'un même usage dans ce pays. Elle est très-simple, en forme de massue, ayant ses longs aiguillons droits, ou un peu divergents. (*Hericium strictum.*)

IX. Clavaire. *Clavaria.* Champignon charnu, ayant la forme d'une massue, ou qui est diversement ramifié, et à surface lisse.

1. Clavaire coralloïde. Clavaria *coralloides,* Linn. *Barbe de chèvre ordinaire.* Paulet, *Traité,* p. 425.

Il y a beaucoup de variétés de cette espèce, ou plutôt de sous-espèces de cette clavaire, telles que la *blanche,* la *pourprée,* la *rose orangée,* mais la plus ordinaire et la plus usitée est la *jaune.* Bull., t. 212. Elles sont toutes très-ramifiées en branches atténuées, et elles croissent par terre dans les fonds des bois, et en automne.

Elles portent différens noms, comme *galli-nete*, *gallinalle*, *mainotte*, *espignette*, *poule*, *buisson*, *barbe* ou *barbes de chèvre*, et *me-nottes* grises, blanches et jaunes, selon les variétés. On les nomme en Italie : *ditola gialla*, *ditola rossa* et *ditola bianca*, d'après la couleur des variétés.

Toutes ces *Barbes de chèvre*, dit M. Paulet, sont remplies d'une chair blanche, et un peu ferme et cassante, et n'incommodent pas, mais elles sont en général un peu coriaces; les violettes (ou Clavaria *amethystea*. Syn. Fun., p. 590, qui est une espèce diverse.) m'ont paru d'une substance plus fine et plus facile à digérer.

Manière de les apprêter.

Après les avoir lavées, c'est-à-dire après en avoir ôté la terre, on les fait ramollir sur un feu doux dans une casserole, avec un morceau de beurre; quand elles sont ramollies, on jette l'eau qu'elles ont rendue, et on les remet sur le feu avec du beurre, du persil, de la ciboule, on les remue un peu, ou on les saupoudre légèrement de farine, on les mouille ensuite avec du bouillon, et on fait la liaison avec les jaunes d'œufs, quand elles sont cuites.

D'autres les font cuire, après les avoir lavées, avec du lard qu'on met dessus et dessous, et du bouillon, en ajoutant du sel, du gros poivre, un morceau de jambon et un peu de persil. Il faut environ une heure de cuisson ; après cela, on les met dans une sauce faite avec du coulis, ou jus de viande, ou en fricassée de poulet, sans les remettre sur le feu. On a soin de couvrir la casserole avec du papier, sur lequel on met le couvercle, c'est le moyen de retenir leur parfum, de les conserver blanches et d'empêcher la sauce d'épaissir trop. *Paulet.*

2. MENOTTE GRISE. Clavaria *cinerea.* Bull , *Champig.*, p. 204, t. 505.

La clavaire *cendrée*, dit cet auteur, est grisâtre ou d'une couleur plombée, et extrêmement fragile. Ses rameaux sont épais, et un peu aplatis à leur sommet. On la mange préparée de la même manière que la variété jaune de la clavaire *coralloïde*, et on prétend même qu'elle lui est préférable pour sa délicatesse.

3. CLAVAIRE BOTRYOÏDE. Clavaria *botrytis.*

(255)

Syn. Fung., pag. 587. Schæff., t. 176. Clava-
varia plebeia. Jacq., Miscell., austr., vol. 2,
p. 101, t. 13.

Cette espèce, très-commune en Allemagne,
est fort reconnoissable par sa forme irrégulière,
surtout quand la saison est sèche. Elle est d'une
couleur blanchâtre, tirant sur le pâle, excepté
les sommités qui sont rougeâtres. On la mange
dans la Carinthie et dans les Vosges.

4. CLAVAIRE CRÉPUE. Clavaria *crispa*. Jacq.
Miscell., 2, pag. 100, t. 14, f. 1. Albertini et
Sweinitz. Fung. Niskiens, p. 205.

Ce champignon acquiert un grand volume;
il est arrondi, et a un tronc tubéreux et très-
épais, d'où sortent des rameaux comprimés
en forme de lames crêpues. La couleur en est
jaunâtre. Il croît dans les bois de sapins; on
en fait beaucoup usage dans la Carinthie,
l'Alsace et la Silésie.

5. CLAVAIRE BLANCHE. Clavaria *alba*. Batarra. Fung. Arimin., p. 25, t. 5, f. A.

Cette espèce est un peu moins grande que
le Clavaria *pistillaris*. L., dont elle a la forme.
Elle est solide et très-épaisse vers le sommet, et
de la grosseur d'un doigt. La couleur est blan-

che, et la saveur ne doit pas être désagréable ou amère comme dans la Clavaire pistillaire, puisque Battarra l'a désignée par l'épithète *d'esculenta*. Elle croît en automne, dans les bois, en Italie, aux environs de Rimini.

X. Morille. *Morchella*. Champignon dépourvu de volva, dont le chapeau, d'une forme globuleuse, ovale ou conique, a de larges alvéoles, à membrane persistante et sèche.

1. La morille ordinaire. Morchella *esculenta*. Syn. Fung., p. 618. Phallus esculentus Linn., Bull., *Champ.*, p. 274, t. 218. Schæff., t. 199. *Spugnino, Spugnolo buono, Trippetto*, en Piémont.

Ce champignon utile, et que tout le monde connoît, paroît au printemps, les gens de la campagne l'apportent au marché. Il ne vient que rarement dans un sol sablonneux, il préfère un terrain calcaire ou argilleux; et, ce qui est assez singulier, souvent les endroits où l'on a fait du charbon, ou répandu des cendres. Il est d'une grandeur moyenne à tige creuse, lisse, blanche et assez épaisse.

· On en distingue deux variétés principales,

la Morille *blanche* et la Morille *grise* ; la première, dont la couleur tire un peu sur le pâle, est la plus commune, et celle que l'on préfère pour l'usage.

2. Morille en forme de cône. Morchella *conica*. Morchella *contigua*. Trattinnick. Fung. aust., p. 67, t. 6, f. 11.

Cette Morille diffère de la précédente par son chapeau allongé en forme de cône, dont le bord est adné au pédicule. Celui-ci est creux, blanchâtre, quelquefois un peu bleuâtre et farineux à la superficie. La couleur du chapeau est brune.

Ce champignon paroît être assez rare en France ; on le trouve dans l'Alsace, mais il est assez commun en Allemagne. On l'aperçoit dans le temps où le prunellier, le pétasite et les primevères commencent à fleurir : il croît toujours dans les bois montagneux.

Manière d'apprêter les Morilles.

Indépendamment de l'usage où l'on est de faire entrer les Morilles dans plusieurs ragoûts, on en fait des plats qui sont très-estimés. Pour les apprêter, on commence, après les avoir bien lavées, pour leur ôter

toute la terre qu'elles sont sujettes à contenir
dans leurs cavités ou aréoles ; ensuite, on les
égoutte bien en les essuyant, et on les met
dans une casserole sur le feu avec du beurre,
du gros poivre, du sel, du persil, et si l'on
veut un morceau de jambon. Il faut environ
une heure de cuisson : comme elles ne rendent
pas beaucoup d'eau, on est obligé de les hu-
mecter souvent, et pour cela, on préfère le
bouillon. Lorsqu'elles sont cuites, on ajoute
des jaunes d'œufs pour faire la liaison, en les
ôtant du feu. Il y en a qui y mettent un peu
de crême ; on les sert seules ou sur une croûte
de pain rissolée et imbibée de beurre.

Cette manière de les apprêter est la plus ordinaire et la meilleure. Il y en a encore d'autres, par exemple :

Morilles à l'italienne. Après les avoir bien
lavées et laissé égoutter, on les coupe en deux
ou trois, si elles sont trop grosses ; on les met
dans une casserole sur le feu, avec du persil,
de la ciboule, du cerfeuil, de la pim-
prenelle, de l'estragon et de la civette, un
peu de sel et un demi - verre d'huile. On
les passe quelque temps jusqu'à ce qu'elles
aient rendu leur eau. On donne encore un

tour, on met quelques pincées de farine : on les mouille avec du bouillon, on ajoute un demi-verre de vin de Champagne : et après, les ayant laissé un peu mijoter, on les sert avec du jus de citron et des croûtes de pain.

Morilles farcies. On préfère pour farcir les Morilles fraîches et blondes ; on les ouvre au bout de la tige, et après les avoir bien lavées, battues et essuyées, on les farcit d'une farce fine, et on les fait cuire entre des bardes de lard. On les sert dans une sauce semblable à celle des Morilles à l'italienne. *Paulet.*

Les cuisiniers à Vienne, en Autriche, ont la coutume de farcir les Morilles avec de la chapelure de pain, de la viande de volailles, de sardines, d'écrvesses et d'autres assaisonnements.

Remarque. On mange en Italie plusieurs autres Morilles, telles que le Morchella *Gigas* (Micheli, gen. pl., t. 84, f. 1.) appelé *spagnolo capellato magiore;* le Morchella *undosa* (Micheli, t. 84, f. 2.), ou *spagnolo di capo gialo ceciato, spagnolo di capo tondo.* Ces espèces acquièrent un volume plus considérable que les autres, mais elles ne sont pas encore décrites d'une manière précise par les botanistes modernes.

Personne ne prendra, je pense, le Phallus *impudicus* (Bull., t. 182.), ou *satyre fétide* Decand. réuni par Linnée et beaucoup d'autres botanistes, avec les Morilles, pour un champignon comestible; car, indépendamment qu'il n'a presque pas de substance, l'odeur infecte qu'il exhale n'est nullement attrayante.

XI. HELVELLE. *Helvella.* Champignon dont le chapeau membraneux et lisse est rabattu des deux côtés, libre ou attaché au pédicule qui est solide, et souvent diversement sillonné et lacuneux.

1. HELVELLE COMESTIBLE. Helvella *esculenta.* Syn. Fung., p. 618. Schæff., Fung., t. 160. *Voy.* la pl. 4, f. 1-5.

Ce champignon est en quelque sorte intermédiaire entre les Morilles et les Helvelles, mais il n'a pas d'alvéoles distinctes, comme les premières; le chapeau a seulement des plis entortillés, et est, au reste, lisse comme les Helvelles; il est large de deux ou trois pouces, et brun; son pédicule est blanchâtre ou incarnat et non sillonné.

On le trouve au printemps dans les pays élevés, au Hartz, en Bavière et dans les Vosges. Il sert d'aliment comme les vraies Morilles.

2. Helvelle blanchatre. Helvella *leuco-phœa*. Syn, Fung., p 616. Sowerby, Fung., t. 39. Helvella mitra, var. alba. Bull., *Champ.*, p. 298. *Morille de moine*. Paulet, *Traité*, p. 414.

Cette Helvelle, une des plus grandes du genre, est blanchâtre et pâle, le bord du chapeau n'est point adhérent au pédicule : celui-ci est élevé et épais, lacuneux et cannelé.

Cette espèce est commune aux environs de Paris, surtout dans le parc de Vincennes. On l'apprête comme la Morille ordinaire.

3. Helvelle en mitre. Helvella *Mitra*. L. Syn. Fung., p. 615 Bull., *Champ.*, p. 466 et 190. Schæff., t. 154.

Cette espèce, qui est la plus commune, se distingue de la précédente, par le chapeau, dont les bords ne sont pas adnés au stipes : elle est aussi la moitié plus petite. On en trouve plusieurs variétés de cendrées, même de blan-châtres, mais plus communément de noires, qui varient aussi pour la grandeur.

On rencontre ce champignon dans toutes sortes de forêts. Il n'est pas rare à Romainville.

Remarque. Toutes les *Helvelles*, ainsi que

les grandes *Pézizes*, peuvent servir d'aliment, car elle sont toutes de la même nature que les Morilles, quoiqu'elles soient en général moins garnies de substance charnue ; mais on n'est pas dans l'usage de les rechercher pour ce but. Cependant, comme elles viennent en automne, où les Morilles sont passées, et qu'elles sont plus répandues que celles-ci, il seroit avantageux d'y ajouter plus de prix sous le rapport de l'usage alimentaire.

XII. Truffe. *Tuber.* Champignon souterrain, arrondi, dont l'intérieur est charnu, marbré ou veiné, sans poussière.

1. La truffe noire. Tuber *cibarium.* Bull., *Champig.*, p. 74 76, t. 556. Lycoperdon *Tuber.* Linn. Truffe d'hiver. Paulet, *Traité*, p. 456 459. (*Tartuffe*, *Tartufo nero et Tubero* des Italiens.)

Cette production est trop connue, du moins quant à son usage, pour qu'il soit nécessaire d'en donner une description détaillée. L'espèce comestible se distingue des autres, ayant été débarrassée de la terre qui la couvre, par sa couleur noire, et par de petites éminences à peu près prismatiques qu'on remarque à l'extérieur. Quand elle est jeune, elle est blanche à l'intérieur : dans son développement complet, elle devient noirâtre, parsemée de lignes d'un blanc roussâtre en réseau.

« Il paroît qu'il faut une année entière à la *Truffe* pour se former, et on doit distinguer dans cette plante trois principaux états, qui offrent autant d'aspects différents : 1° lorsqu'elle commence à marquer; 2° lorsqu'elle est formée, sans être marbrée ni en maturité; 3° lorsqu'elle est en maturité et marbrée. Dans le premier état, c'est-à-dire à la fin de l'hiver et au printemps, ce n'est encore qu'un tubercule rougeâtre ou violet grand comme un pois, qui, en grossissant, soutiennent leur couleur pourpre jusqu'au mois de juin : sa chair est alors très-blanche. Dans la deuxième, c'est-à-dire en été, sa surface est déjà noire et chagrinée, mais sa chair est encore très-blanche, et à peine ses lignes grises marquent-elles : c'est ce qu'on appelle *truffes d'été* ou *truffes blanches*, et qu'on vend au mois de juillet sous ce nom, coupée par tranches fines; elle est alors un peu indigeste, et presque sans parfum. » (*V.* aussi *l'Essai sur les propriétés méd. des plant.*, p. 323, de M. Decandolle.)

Dans le troisième état, ou vers la fin de

l'automne et au commencement de l'hiver, la
truffe est en maturité : alors sa surface est très-
noire et chagrinée, et son parfum décidé. Cet
état de maturité est bientôt suivi d'une sorte
de dissolution de la substance interne qui
tombe en bouillie. *Paulet.*

C'est particulièrement dans les forêts de
chênes et de châtaigniers, que se plaisent les
truffes. Elles préfèrent les terrains argilleux
mêlés de sablon et de parties ferrugineuses, et
elles ont besoin d'un sol un peu poreux, afin
que la chaleur et l'humidité puissent y pénétrer facilement. Celles du Périgord sont les
plus estimées.

On reconnoît qu'un terrain récèle des truffes
à certaines gersures, au bruit sourd et particulier qu'il rend lorsqu'on le frappe d'un bâ-
ton, et à un léger renflement de sa surface, car
la truffe en grossissant soulève la terre sous laquelle elle est cachée ordinairement à un demi-
pied de profondeur : cela donne la facilité à
une sorte de mouche bleue de l'atteindre, et
d'y pondre ses œufs(1). Lorsqu'on voit ces

____

(1) Cette mouche est figurée dans les *Lettres de M. de
Borch, sur les Truffes du Piémont,* à la pl. 3, f. ,o.

mouches, on soupçonne que les truffes ne sont pas loin de l'endroit où elles voltigent. La marque la plus certaine est celle de l'odeur qu'on peut saisir à la distance de quelques pieds; à la vérité les hommes acquièrent difficilement, par l'habitude, ce tact, ils ont employé à cette recherche les cochons, qui le possèdent à un degré supérieur : mais il faut les dresser à cette espèce de chasse, et être prompt à les éloigner et à les récompenser par des glands, autrement ils ne continueroient pas un travail qui ne leur rendroit rien. Dans le Montferrat, on a des chiens dressés à cette espèce de chasse. On récolte les bonnes truffes du mois d'octobre jusqu'aux premiers jours de janvier.

Plus les truffes sont nombreuses dans le même endroit, moins elles ont de volume. Il arrive quelquefois qu'on fait deux et même trois récoltes chaque année dans une seule truffière, mais il n'y en a communément qu'une. (Parment., *Bulletin de pharmacie*, vol. 1, p. 548.)

Manière d'apprêter les Truffes.

On mange les truffes cuites au vin de Champagne, en potages, en ragoûts gras et maigres, en pâtés, en tourtes : on en farcit la volaille, et on en fait des crêmes. Mais le grand amateur de truffes les préfère cuites sous la cendre et sans apprêt. Plus les truffes sont mûres, plus elles ont de parfum, et plus elles sont agréables au goût. *Bulliard.*

En Piémont, on les mange crues, en salade, et sur la *polente*, avec la beccassine, car cet oiseau, sans la sauce aux truffes, ne vaut presque rien chez nous. Elles se vendent quelquefois huit à dix francs la livre. *Balbis.*

« L'huile, ou tout autre corps gras ou huileux, est si convenable à la truffe, dont la chair est naturellement sèche, que si elle en manque, elle n'a plus de saveur ; les huileux la rendent non seulement bonne à manger, mais plus aisée à digérer ; après l'huile, le vin est l'ingrédient ou le véhicule qui lui convient le mieux : et lorsque ces deux substances sont mariées ensemble, alors l'assaisonnement est parfait. Ainsi, pour faire un bon ragoût de truffes, après les avoir lavées et bien brossées pour enlever toute la terre, on les fait tremper dans l'eau, ou, ce qui est mieux, dans l'huile ; on les coupe ensuite par tranches, et on les met sur le plat avec de l'huile ou du beurre, un peu de vin, du sel et du gros poivre. Il y en a qui ajoutent des anchois et des petits ognons, c'est l'affaire d'une demi-heure de cuisson; on fait une liaison avec des jaunes d'œufs. *Paulet.*

Le même auteur que je cite a aussi indiqué quelques autres procédés particuliers pour leur apprêt. On peut consulter au besoin son ouvrage.

2. **La truffe grise.** Tuber *griseum.* De Borch, *Lettres sur les truffes du Piémont,* pl. 1 et 2. *Truffe à l'ail.* Paulet, p. 434.

On la trouve dans quelques départemens de la partie méridionale de France, mais plus particulièrement en Piémont. D'après M. le comte de Borch, le terrain qui produit les truffes dans l'Astesan et dans d'autres provinces du Piémont, abonde en coquilles qui sont répandues dans le sol. Elle est en pleine maturité à la fin de l'automne.

Cette espèce est d'un gris pâle ou rousse, soit en dedans, soit en dehors, lisse et d'une consistance savonneuse. M. Decandolle observe (*Essai,* p. 321.) que cette truffe qui se distingue de toutes les autres par son odeur d'ail, est spécialement destinée à servir de condiment aux matières végétales.

« La variété rouge (*rossetta* des Italiens) de la Truffe *blanche* (*bianchetta*), qui a une odeur d'ail vive et pénétrante, se trouve mêlée dans les truffières noires, surtout dans celles qui viennent à l'ombre des ormes ; elle a plus d'odeur et une saveur plus délicate et plus durable, se conserve aussi plus long-temps ; son parenchyme intérieur est rougeâtre, et sa peau est couleur de lie de vin rouge. » *Parmentier.*

Remarque. Il y a des champignons souterrains qui ressemblent aux truffes, mais qui en diffèrent par la substance intérieure qui, lorsque ces champignons sont parvenus à leur maturité, se change en une *poussière noire.* Parmi ceux-ci, le Lycoperdon (Hypogeum) *cervinum*, L., ou la *Truffe de cerf*, Paul., est commun : on le trouve dans les forêts de sapins, en automne. Il est brunâtre et presque lisse, à peu près large d'un pouce. Il est malfaisant, et très-aphrodisiaque, ce qu'annoncent déjà son odeur forte, et son goût désagréable.

Une autre espèce du genre *Hypogeum* ou *Scleroderma*, a, quant à son extérieur, plus de ressemblance avec la vraie truffe, car elle est aussi noire et chagrinée de petites émi‑nences, mais elle est moitié plus petite. Elle croît dans le Périgord; celui qui me l'a com‑muniquée m'a assuré que quelqu'un de sa con‑noissance l'ayant mangée par méprise, en a été fort incommodé. J'appelle ce champi‑gnon la *Fausse-Truffe*, ou Hypogeum *Tuber*.

FIN

LISTE

DES NOMS FRANÇAIS

DES CHAMPIGNONS

COMESTIBLES ET DÉLÉTÈRES.

NOMS LATINS DES CHAMPIGNONS,

AVEC LA SYNONYMIE.

A.

FIN DE LA LISTE.

FAUTES A CORRIGER ET ADDITIONS.

Page 88, ligne 3; lisez : *Auriscalpium.*

Page 183, lignes 19 et 20; lisez : *leucocephala* et *leucocephalus.*

Page 78, ligne 11, après *a été*, ajoutez : *pour la première fois.*

Page 200, ligne 8, au lieu de *t.* 509, *f.* 3, lisez : *f. z.*

Page 155. On trouve aussi de bonnes notices sur le Sphaeria *capituata* dans les *Cahiers mycologiques* publiés en allemand par MM. *Kunze* et *Schmidt.* Leipsick, 1817.

Page 104. D'après M. Sowerby, l'Agaricus *semiglobatus,* ou Agaric *lustré* (Bulliard, tom. 566, f. 4.) est une variété, ou sous-espèce, moins grande, avec des feuillets brunâtres, et qu'il appelle Agaricus *virosus* (*Engl., Fung., Suppl.,* t. 407 et 408.) sont des champignons vénéneux. En les cueillant, on les avoit confondus dans ce pays-là avec le champignon de couche, *A. campestris,* dont ils diffèrent pourtant par un chapeau lisse, jaunâtre, et un peu visqueux, par des feuillets qui sont larges, bistres, ou presque noirs et tachetés, ainsi que par un pédicule long et mince. Ils croissent dans les prairies, sur les crottins des chevaux.

Page 163. J'ai dit, dans cet endroit, que la couleur *violette,* soit générale, soit *partielle* dans les Champignons est un signe assez constant d'une bonne qualité. Cependant, quelques *Russules,* dont j'ai désigné la majeure partie comme douée d'une nature malfaisante, ont leur chapiteau (mais non leurs feuillets) plus ou moins coloré en violet, cependant presque toujours avec une teinte rougeâtre ou pourprée. L'Agaricus (Russula) *cynoxanthus.* Syn. Fung., pag. 445, Schœff., Fung., t. 93, a une couleur violet-clair assez belle. J'ai aussi trouvé cette espèce une des plus grandes de cette .

famille d'Agarics, et assez précoce, d'une saveur moins âcre, et
point désagréable; aussi la voit-on presque toujours entamée ou
dévorée par les animaux.

Le Russula *Palomet* paroît être, si non la même, du moins une
espèce très-voisine du Russula aeruginosa. (pag 226.)

Page 197. Quant à l'Agaric *turbiné* que j'avois mis au nombre
des espèces comestibles, en alléguant comme synonymie l'espèce de
Bulliard, je dois prévenir que cet auteur, ainsi que Sowerby
(*Engl.-Fung.*, t. 112.) lui attribuent un goût et une odeur dé-
sagréables qui indiqueroient une nature délétère, ce que je n'ai
point observé dans mon Agaric, surtout dans l'Agaric *fulgens*,
Syn. Fung., page 294, qui en est une variété, et qui pourroit,
par cette raison, être différent des leurs, qui sont aussi d'une couleur jaunâtre-mat. Ainsi, pour la plus grande sécurité, il faudroit
mieux s'abstenir de ce champignon, qui d'ailleurs se présente très-
rarement.

AD. EGRON, Imprimeur, rue des Noyers, N.º 37.

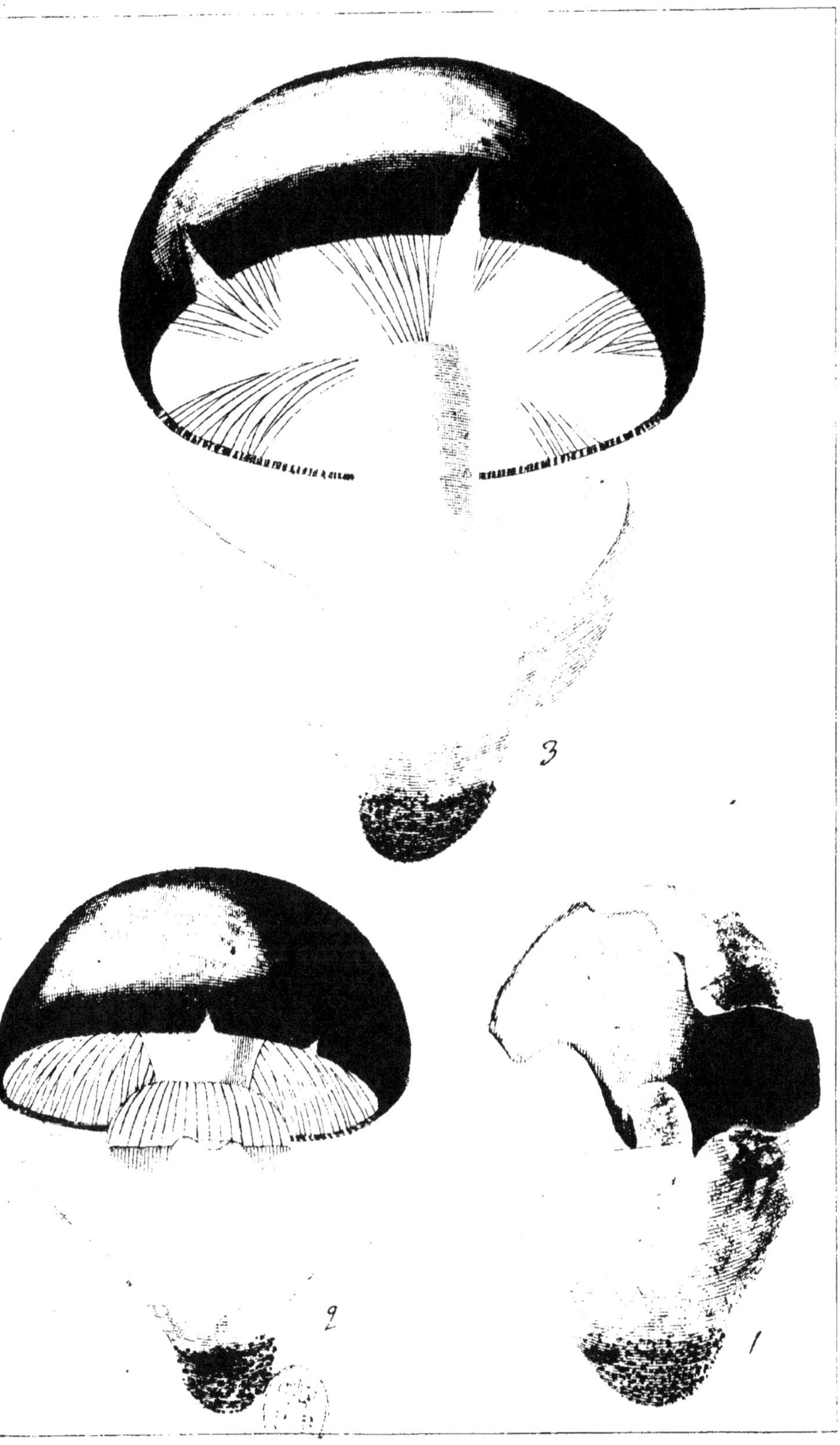
1
3
2
1

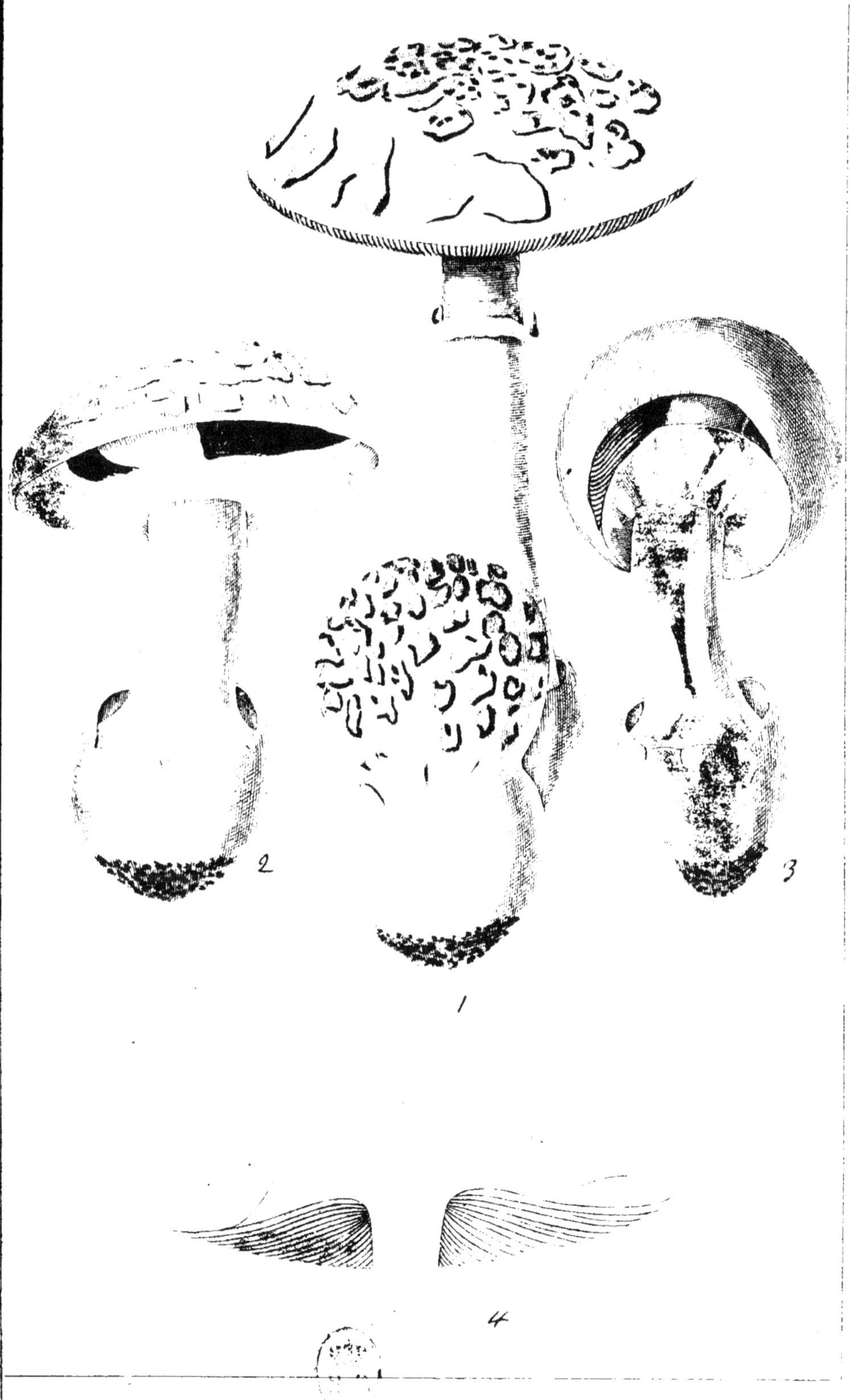